单片机应用技术（第二版）

主　编　刘淑芬

副主编　范海健　颜廷秦　邬丽娜

U0395978

苏州大学出版社

图书在版编目（CIP）数据

单片机应用技术／刘淑芬主编．—2 版．—苏州：
苏州大学出版社，2021.7（2024.7 重印）
ISBN 978-7-5672-3527-4

Ⅰ．①单… Ⅱ．①刘… Ⅲ．①单片微型计算机 – 教材
Ⅳ．①TP368.1

中国版本图书馆 CIP 数据核字（2021）第 060481 号

单片机应用技术（第二版）

刘淑芬　主编

责任编辑　征　慧

苏州大学出版社出版发行
（地址：苏州市十梓街 1 号　邮编：215006）
广东虎彩云印刷有限公司印装
（地址：东莞市虎门镇黄村社区厚虎路20号C幢一楼　邮编：523898）

开本 787 mm×1 092 mm　1/16　印张 13.75　字数 335 千
2021 年 7 月第 2 版　2024 年 7 月第 5 次印刷
ISBN 978-7-5672-3527-4　定价：39.00 元

若有印装错误，本社负责调换
苏州大学出版社营销部　电话：0512-67481020
苏州大学出版社网址　http：//www.sudapress.com
苏州大学出版社邮箱　sdcbs@ suda.edu.cn

单片机应用技术
（第二版）
编　写　组

主　　编：刘淑芬

副 主 编：范海健　颜廷秦　邬丽娜

编写人员：范　静　陈永强　陈修勇

　　　　　吴　珏

主　　审：刘　韬　邓建平

前　言

随着单片机应用技术的广泛普及，学习和使用单片机的人越来越多。目前市场上已出版的有关单片机的教材，基本都是以单片机为蓝本来介绍计算机原理，而不是单纯地介绍单片机技术；在内容的安排上未顾及读者的接受能力，使得读者认为单片机入门难。

为了给广大的单片机爱好者提供一本内容翔实、通俗易懂的学习指导用书，我们编写了这本《单片机应用技术》。本书的主要特点：

1. 以读者的认知规律为主线，而不是以课程结构为主线。

2. 以任务为单元构建认知单元，而不是以单片机功能为单元。

3. 完成本书的第一个任务即可进行单片机的初步应用尝试，不必等学完单片机的全部知识体系。随着任务的逐渐进行，读者的知识逐渐完善、能力逐渐提高，当所有任务完成时，读者正好已经学习了单片机的所有基本知识，并具有初步的开发能力。

全书以 C 语言为编程语言，以项目训练任务为单元，打破原有界限，不管硬件结构、指令、编程的先后顺序，将各部分知识分解成一个个知识点，为了完成一个训练任务，抽取每个部分的不同知识点加以组合，读者完成第一个训练任务就能清楚单片机的开发过程，完成第二、第三个训练任务就能自己模仿性地编写程序。当所有训练任务全部完成时，读者也就学完所有的知识点。即便只完成部分训练任务，读者也可以去编写一些程序，并不是一定要学完全部知识才能去做开发。项目训练用到什么就学什么，用不到的就先不学，而训练任务的设置是由简单到复杂的。

本书符合以培养应用型人才为目标的要求，书中每一个任务都可以作为学生的一个实训任务来实施，增加了学生动手实践的机会，学生不是单纯地学习理论，从而让学生更有兴趣、更爱学。

由于时间仓促，加之水平有限，书中不当或错误在所难免，望广大读者和同行不吝指教。

编　者

目录 Contents

任务3　简易加法运算控制器设计

任务4　流水灯控制器设计

任务5　秒表设计

任务6　双单片机通信计数器

任务7　单片机控制交通灯设计

任务8　　室内温度控制器设计

附　录

单个信号灯控制器设计

教学规划

知识重点：（1）进位计数制及其相互转换。

（2）计算机中的常用编码。

（3）Keil 软件和 Proteus 软件的使用方法。

知识难点：Keil 软件和 Proteus 软件的使用方法。

教学方式：从任务入手，通过学习单个信号灯控制器设计，学生掌握 Keil 软件和 Proteus 软件的使用方法，学会程序编辑、编译、调试与仿真运行的方法。

1.1　数制与编码

计算机的主要功能是对数据进行各种加工和处理，为了方便和可靠，计算机内部采用二进制数字系统。因此，所有数值数据都必须采用二进制数表示；所有非数值数据（如字母、符号等），也都必须采用二进制代码表示。

1. 进位计数制

数制是进位计数制的简称，为区别不同的进位计数制，通常用字母来表示数制，D（Decimal）代表十进制数（可省略），B（Binary）代表二进制数，O（Octal）代表八进制数，H（Hexadecimal）代表十六进制数。

（1）十进制数。

在日常生活中，人们最熟悉的是十进制数。十进制数有两个基本特点：

① 每位数是 0~9 十个数码中的一个数码，即基数为 10。

② 逢十进一，借一当十。

任意一个十进制数都可以用多项式表示为

$$N = K_n \times 10^n + K_{n-1} \times 10^{n-1} + \cdots + K_1 \times 10^1 + K_0 \times 10^0 + K_{-1} \times 10^{-1} + \cdots + K_{-m} \times 10^{-m}$$

$$= \sum_{i=-m}^{n} K_i \times 10^i$$

式中，K_i 称为系数，10^i 称为第 i 位的权，$K_i \times 10^i$ 即为加权系数，上式称为按权展开式。

例如，十进制数 687.25 的按权展开式为

$$687.25 = 6 \times 10^2 + 8 \times 10^1 + 7 \times 10^0 + 2 \times 10^{-1} + 5 \times 10^{-2}$$

（2）二进制数。

二进制数是计算机唯一能识别的机器语言。二进制数有两个基本特点：

① 每位数只能是 0 或 1 两个数码中的一个数码，即基数为 2。

② 逢二进一，借一当二。

同十进制数，任意一个二进制数的按权展开式为

$$N = K_n \times 2^n + K_{n-1} \times 2^{n-1} + \cdots + K_1 \times 2^1 + K_0 \times 2^0 + K_{-1} \times 2^{-1} + \cdots + K_{-m} \times 2^{-m}$$

$$= \sum_{i=-m}^{n} K_i \times 2^i$$

例如，二进制数 1011.01 的按权展开式为

$$1011.01\text{B} = 1 \times 2^3 + 0 \times 2^2 + 1 \times 2^1 + 1 \times 2^0 + 0 \times 2^{-1} + 1 \times 2^{-2}$$

（3）十六进制数。

二进制数书写冗长，为简化书写和阅读，常用十六进制数（有时用八进制数）代替二进制数表示数据。十六进制数有两个基本特点：

① 每位数是 0～9、A～F 16 个数码中的一个数码，即基数为 16。

② 逢十六进一，借一当十六。

其中，A 代表 10，B 代表 11，C 代表 12，以此类推。

同十进制数，任意一个十六进制数的按权展开式为

$$N = K_n \times 16^n + K_{n-1} \times 16^{n-1} + \cdots + K_1 \times 16^1 + K_0 \times 16^0 + K_{-1} \times 16^{-1} + \cdots + K_{-m} \times 16^{-m}$$

$$= \sum_{i=-m}^{n} K_i \times 16^i$$

例如，十六进制数 8C2.E 的按权展开式为

$$8\text{C2.EH} = 8 \times 16^2 + 12 \times 16^1 + 2 \times 16^0 + 14 \times 16^{-1}$$

以上几种进制数的对应关系见表 1-1。

表 1-1　十进制数、十六进制数及二进制数的对应关系

十进制数	十六进制数	二进制数
0	0	0000
1	1	0001
2	2	0010
3	3	0011
4	4	0100
5	5	0101
6	6	0110
7	7	0111
8	8	1000
9	9	1001
10	A	1010
11	B	1011

十进制数	十六进制数	二进制数
12	C	1100
13	D	1101
14	E	1110
15	F	1111

2. 计算机中的常用编码

（1）二—十进制编码。

二—十进制编码是指将十进制数的 0 ~ 9 十个数字用二进制数表示的编码，即 BCD（Binary Coded Decimal）编码。

一位十进制数需用 4 位二进制数来表示，4 位二进制编码有多种方案，因此 BCD 码也有多种方案。最常用的编码是 8421BCD 码，它是一种恒权码，$8(2^3)$、$4(2^2)$、$2(2^1)$、$1(2^0)$分别是 4 位二进制数的权值，如表 1-2 所示。

表 1-2　8421BCD 码

十进制数	8421BCD 码
0	0000
1	0001
2	0010
3	0011
4	0100
5	0101
6	0110
7	0111
8	1000
9	1001

【实例 1-1】　十进制数、8421BCD 码、十六进制数之间的相互转换。

① 将十进制数 86.5 转换为 8421BCD 码，即

$$86.5 = (1000\ 0110.0101)_{8421BCD}$$

② 将 8421BCD 码 1001 0011.0100 转换为十进制数，即

$$(1001\ 0011.0100)_{8421BCD} = 93.4D$$

③ 将 8421BCD 码 1000 0110 1001 转换为十六进制数时，先转换为十进制，即

$$(1000\ 0110\ 1001)_{8421BCD} = 869D$$

再将 869D 转换为十六进制数，即

因此，（1000 0110 1001）$_{8421BCD}$ = 365H。

（2）字符编码。

计算机中普遍采用的是美国国家信息交换标准字符码，即 ASCII 码（American Standard Code for Information Interchange）。ASCII 码采用 7 位二进制代码对字符进行编码，它包括 52 个大小写英文字母，10 个阿拉伯数字，32 个通用控制符号，34 个专用符号，共 128 个字符。例如，0 ～ 9 对应的 ASCII 码为 30H ～ 39H，A ～ Z 对应的 ASCII 码为 41H ～ 5AH。

1.2 单片机概述

1.2.1 单片机的定义及其特点

单片机是单片微型计算机（Single Chip Microcomputer）的简称，是指将中央处理器（CPU）、数据存储器（RAM）、程序存储器（ROM、EPROM、EEPROM 或 Flash）、并行 I/O、串行 I/O、定时/计数器、中断控制、系统时钟及系统总线等单元集成在一块半导体芯片上，构成一个完整的计算机系统。与通用的计算机不同，单片机的指令功能是按照工业控制的要求设计的，因此它又被称为微控制器（Microcontroller Unit）。随着集成电路技术的发展，单片机片内集成的功能越来越强大，并朝着 SoC（片上系统）方向发展。

近几年来，单片机因其体积微小、价格低廉、可靠性高等优点，被广泛应用于工业控制系统、数据采集系统、智能化仪器仪表、通信设备及日常消费产品。单片机技术开发和应用水平已成为衡量一个国家工业化发展水平的标志之一。

（1）单片机与通用微型计算机相比，在硬件结构、指令设置上均有其独到之处，主要特点如下：

① 单片机的存储器 ROM 和 RAM 是严格分工的。ROM 为程序存储器，用于存放程序、常数及数据表格；而 RAM 则为数据存储器，用于工作区存放变量。

② 采用面向控制的指令系统。为满足控制的需要，单片机的逻辑功能控制能力要优于同等级别的 CPU，运行速度较高，具有很强的位处理能力。

③ 单片机的 I/O 引脚通常是多功能的。例如，通用 I/O 引脚可以用作外部中断、PPG（可编程脉冲发生器）的输出口或 A/D 输入的模拟输入口等。

④ 系统功能齐全，扩展性强，与许多通用的微机接口芯片兼容，给应用系统的设计和生产带来了极大的方便。

⑤ 单片机应用是通用的。单片机主要作控制器使用，但功能上是通用的，可以像一般微型处理器那样广泛地应用于各个领域。

（2）单片机作为单片微控制器芯片，从器件方面来讲，具有如下特点。

① 体积小：基本功能部件即可满足常规要求。

② 可靠性高：总线大多在内部，易采取电磁屏蔽。

③ 功能强：实时响应速度快，I/O 接口可直接操作。

④ 使用方便：硬件设计规范简单，提供多种开发工具。

⑤ 性价比高：芯片便宜，集成度高，电路板小，接插件少。

⑥ 易产品化：设计开发研制周期短。

1.2.2　单片机的发展历史

单片机作为微型计算机的一个重要分支，应用面很广，发展很快。自单片机诞生至今，已发展为上百种系列的近千个机种。它的产生与发展和微处理器的产生与发展大体同步，如果将 8 位单片机的推出作为起点，那么单片机的发展历史大致可分为以下几个阶段：

1. 第一阶段（1976—1978）

此阶段为初级单片机发展阶段。以 Intel 公司 MCS-48 为代表。MCS-48 的推出是在工控领域的探索，参与这一探索的公司还有 Montorala、Zilog 等，都取得了满意的效果。

2. 第二阶段（1978—1982）

此阶段为单片机的普及阶段。Intel 公司在 MCS-48 基础上推出了完善的、典型的单片机系列 MCS-51。它在以下几个方面奠定了典型的通用总线型单片机系列结构：

（1）完善的外部总线。MCS-51 设置了经典的 8 位单片机的总线结构，包括 8 位数据总线、16 位地址总线、控制总线及具有多机控制通信功能的串行通信接口。

（2）CPU 外围功能单元的集中管理模式。

（3）体现工控特性的位地址空间及位操作方式。

（4）指令系统趋于丰富和完善，并且增加了许多突出控制功能的指令。

3. 第三阶段（1982—1990）

此阶段为 8 位单片机的巩固发展及 16 位单片机推出阶段，也是单片机向微控制器发展的阶段。Intel 公司推出的 MCS-96 系列单片机，将一些用于测控系统的模数转换器、程序运行监视器等纳入片中，体现了单片机的微控制特征。随着 MCS-51 系列的广泛应用，许多电器厂商竞相使用 80C51 作为内核，将许多测控系统中使用的电路技术、接口技术、多通道 A/D 转换部件、可靠性技术等应用到单片机中，增强了外围电路功能，强化了智能控制器的特征。

4. 第四阶段（1990 年至今）

此阶段为微控制器的全面发展阶段。随着单片机在各个领域全面、深入的发展和应用，出现了高速、大寻址范围、强运算能力的 8 位/16 位/32 位通用型单片机，以及小型廉价的专用型单片机。

1.2.3　单片机的发展趋势

目前，单片机正朝着高性能和多品种方向发展，今后单片机的发展趋势将进一步向CMOS 化、低功耗、小体积、大容量、高性能、低价格和外围电路内装化等几个方面发

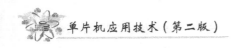

展。下面是单片机的主要发展趋势。

1. CMOS 化

CMOS 电路的特点是低功耗、高密度、低速度、低价格。采用双极性半导体的 TTL 电路速度快，但功耗和芯片面积较大。因为单片机芯片大多数采用 CMOS（金属栅氧化物）半导体工艺生产。随着技术和工艺水平的提高，又出现了 HMOS（高密度、高速度 MOS）、CHMOS 工艺。CHMOS 是 CMOS 和 HMOS 工艺的结合。因而，在单片机领域 CMOS 正在逐渐取代 TTL 电路。

2. 低功耗化

单片机的功耗已从毫安级降到微安级以下，使用电压在 3～6 V 之间，完全适应电池工作。低功耗化的效应不仅功耗低，而且带来了产品高可靠性、高抗干扰能力以及产品便携化。

3. 低电压化

几乎所有的单片机都有 WAIT、STOP 等省电运行方式。允许使用的电压范围越来越宽，一般在 3～6 V 范围内工作。低电压供电的单片机电源下限可达 1～2 V。目前 0.8 V 供电的单片机已经问世。

4. 低噪声与高可靠性

为提高单片机的抗电磁干扰能力，使产品能适应恶劣的工作环境，满足电磁兼容性方面更高标准的要求，各单片机厂家在单片机内部电路中都采取了新的技术措施。

5. 大容量化

以往单片机内的 ROM 为 1～4 KB，RAM 为 64～128 B。但在需要复杂控制的场合，该存储容量是不够的，必须进行外界扩充。为了适应这种领域的要求，须运用新的工艺，使片内存储器大容量化。目前，单片机内 ROM 最大可达 64 KB，RAM 最大为 2 KB。

6. 高性能化

主要是指进一步改进 CPU 的性能，加快指令运算的速度和提高复杂控制的可靠性。采用精简指令集（RISC）结构和流水线，可以大幅度提高运行速度。现指令速度最高已达 100MIPS（Million Instruction Per Second，即兆字节每秒），并加强了位处理功能、中断定时控制功能。这类单片机的运算速度比标准的单片机高出 10 倍以上。由于这类单片机有极高的指令速度，故可以用软件模拟其 I/O 功能，由此引入虚拟外设的新概念。

7. 小容量、低价格化

与上述相反，以 4 位、8 位机为中心的小容量、低价格比也是其发展方向之一。这类单片机的用途是把以往用数字逻辑集成电路的控制电路单片机化，可广泛用于家电产品。

8. 外围电路内装化

这也是单片机发展的主要方向。随着集成度的不断提高，有可能把众多的各种外围功能器件集成在片内。除了一般具有的 CPU、ROM、RAM、定时/计数器等以外，片内集成的部件还有模/数转换器、数/模转换器、DMA 控制器、声音发生器、监视定时器、液晶显示驱动器、彩色电视机和录像机用的锁相电路等。

9. 串行扩展技术

在很长一段时间里，通用型单片机通过三总线结构扩展外围器件成为单片机应用的主流结构。随着低价位 OTP（One Time Programmable）及各种类型片内程序存储器的发展，加之外围电路接口不断进入片内，推动了单片机"单片"应用结构的发展。特别是 I²C、SPI 等串行总线的引入，可以使单片机的引脚设计更少，单片机系统结构更加简化及规范化。

1.2.4　单片机的应用领域

单片机按其应用领域划分主要有以下五个方面。

1. 智能化仪器仪表

如智能电度表、智能流量计等。单片机用于仪器仪表中，使之走向了智能化和微型化，扩大了仪器仪表功能，提高了测量精度和测量的可靠性。

2. 实时工业控制

单片机可以构成各种工业测控系统、数据采集系统，如数控机床、汽车安全技术检测系统、工业机器人、过程控制等。

3. 网络与通信

利用单片机的通信接口，可方便地进行多机通信，也可组成网络系统，如单片机控制的无线遥控系统。

4. 家用电器

如全自动洗衣机、自动控温冰箱、空调机等。单片机用于家用电器，使其应用更简捷、方便，产品更能满足用户的高层次要求。

5. 计算机智能终端

如计算机键盘、打印机等。单片机用于计算机智能终端，使之能够脱离主机而独立工作，尽量少占用主机时间，从而提高主机的计算速度和处理能力。

1.3　单片机开发系统概述

1.3.1　单片机开发系统概述

由于单片机的软硬件资源有限，单片机系统本身不能实现自我开发。要进行系统开发，实现单片机应用系统的软、硬件设计，必须使用专门的单片机开发系统，因此，单片机开发系统是单片机系统开发调试的工具。

单片机开发系统有以下几种类型：

（1）微型机开发系统（Microcomputer Development System，简称 MDS）。

（2）在线仿真器（In-Circuit Emulation，简称 ICE）和在线调试器（In-Circuit Debugger，简称 ICD）。

（3）软件开发模拟仿真器（Keil μVision3 和 Proteus ISIS 等）。

1.3.2　软件开发工具 Keil μVision3 简介

Keil μVision3 是一个优秀的软件集成开发环境，它支持众多不一样公司的 MCS-51 架构的芯片。μVision3 IDE 基于 Windows 的开发平台，包含一个高效的编辑器、一个项目管理器和一个 make 工具。利用本工具可以编译 C 源代码、汇编源程序、连接和重定位目标文件和库文件、创建 HEX 文件调试目标程序。

Keil μVision3 通过以下特性加速嵌入式系统的开发过程：

（1）全功能的源代码编辑器。

（2）器件库用来配置开发工具设置。

（3）项目管理器用来创建和维护项目。

（4）集成的 make 工具可以汇编、编译和连接用户的嵌入式应用。

（5）所有开发工具的设置都是对话框形式。

（6）有真正的源代码级的对 CPU 和外围器件的调试器。

（7）高级 GDI（AGDI）接口用来在目标硬件上进行软件调试以及和 Monitor-51 进行通信。

（8）与开发工具手册、器件数据手册和用户指南有直接的链接。

1.3.3　Keil μVision3 的使用方法

1. Keil μVision3 工作界面

（1）启动 Keil μVision3。

双击桌面上的 Keil μVision3 图标，如图 1-1 所示，或者单击屏幕左下方的"开始"→"所有程序"→"Keil μVision3"命令，出现如图 1-2 所示的界面，表明进入 Keil μVision3 集成环境。

图 1-1　Keil μVision3 启动图标

（2）Keil μVision3 工作界面。

Keil μVision3 界面提供菜单栏、工具栏、文件编辑窗口、项目管理窗口和输出窗口等，如图 1-2 所示。

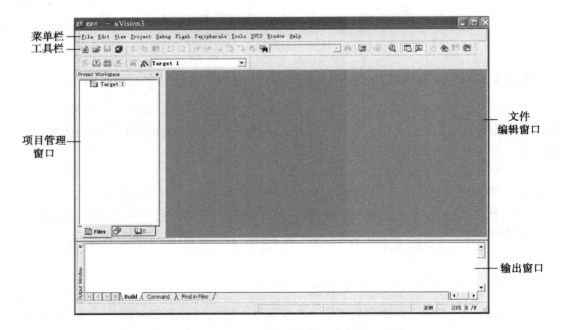

图 1-2　Keil μVision3 的工作界面

2. 创建项目

（1）单击"Project"菜单，在弹出的下拉式菜单中选择"New Project"命令，如图1-3所示。

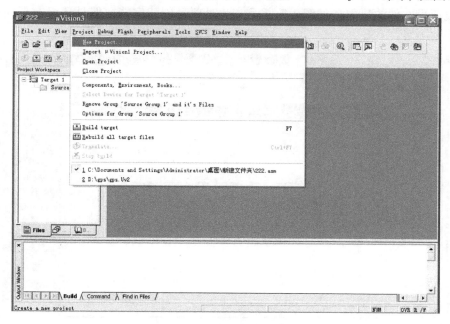

图1-3 选择新建项目命令

（2）弹出一个标准 Windows 文件对话窗口，如图1-4所示，在"文件名"中输入第一个程序项目名称，这里我们用"led"。保存后的文件扩展名为 uv2，这是 Keil μVision3 项目文件扩展名，以后可以直接单击此文件打开先前所做的项目。

图1-4 输入项目名称

3. 选择所要的单片机

这里我们选择常用的 Atmel 公司的 AT89C51，如图 1-5 和图 1-6 所示。单击"确定"按钮完成项目文件的建立，如图 1-7 所示。此时项目创建完毕，但是还没有任何源文件，属于一个空项目。

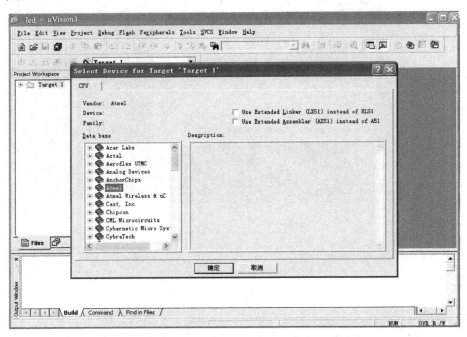

图 1-5　选取 Atmel 公司菜单

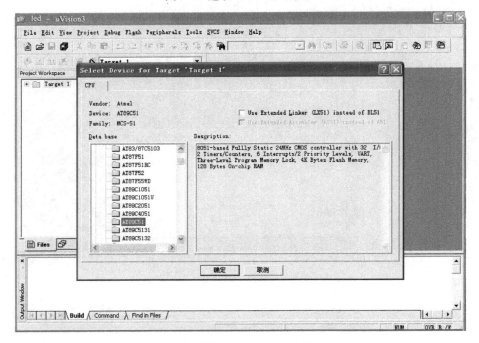

图 1-6　选取 AT89C51 芯片菜单

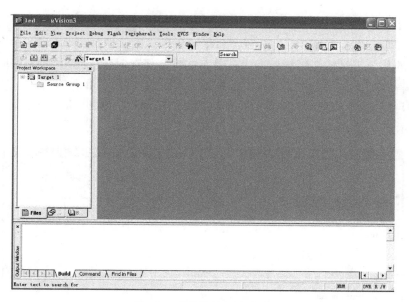

图 1-7　项目文件创建成功

4. 创建或修改程序

（1）选择"File"→"New"命令，此时工作区中弹出一个新的源代码编辑窗口，用户可以在其中输入源代码。

（2）当一个新的项目创建完成后，需要将编写的用户源程序代码添加到这个项目中，用户添加程序文件通常有两种形式：一种是新建文件，另一种是添加已创建的文件。单击"File"→"Open"命令（图 1-7），或按快捷键＜Ctrl＞+＜O＞，或使用工具栏中的工具按钮，就会打开一个已存在的程序文件文字编辑窗口等待我们编辑程序。如图 1-8 所示。完成上面的步骤后，即可进行程序文件的编辑。

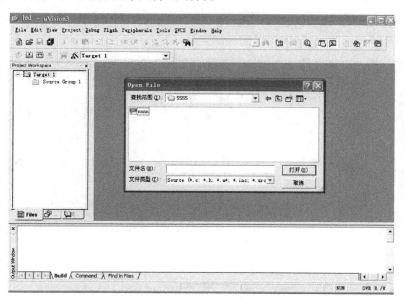

图 1-8　选择一个已存在的程序文件

5. 保存程序

当程序编写完成，选择"File"→"Save"命令，或按快捷键＜Ctrl＞+＜S＞，或使用工具栏中的相关工具按钮进行保存。若是新文件，保存时我们需要对程序进行命名。若是用汇编语言编写，扩展名应为 asm；若是用 C 语言编写，扩展名应为 c。将文件保存在项目所在的目录中，这时会发现程序单词有了不同的颜色，说明 Keil 的语法检查生效了，如图 1-9 所示。完成上面步骤后，即可进行程序文件的加载。

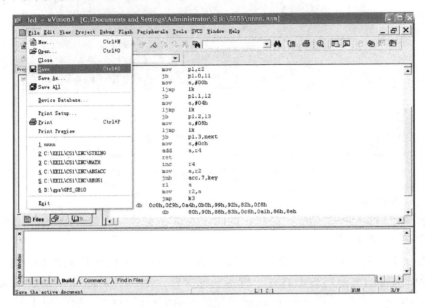

图 1-9　保存成功的程序文件

6. 将程序加载到项目中

（1）如图 1-10 所示，在屏幕左边的 Source Group 1 文件夹图标上右击鼠标，弹出快捷菜单，选择其中某一命令，可执行相关操作。

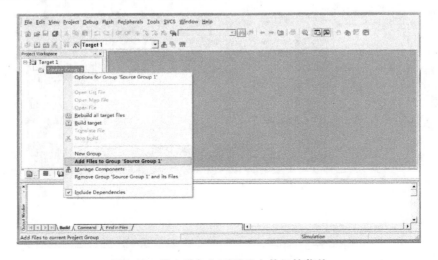

图 1-10　把文件加入到项目文件组的菜单

（2）这里选中"Add Files to Group'Source Group 1'"命令，弹出如图 1-11 所示的对话框，选择刚刚保存的文件，按"Add"按钮，关闭对话框，程序文件加载到项目中。

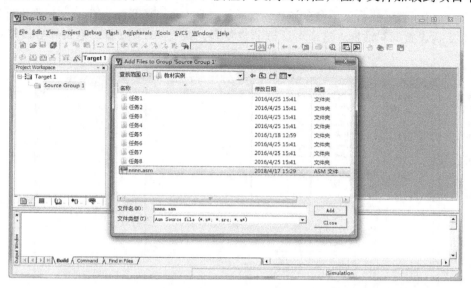

图 1-11 选择文件加入到项目文件组

（3）这时在 Source Group 1 文件夹图标左边出现了一个小"+"号，表示文件组中有了文件，单击它可以展开查看到源程序文件已被我们加到项目中，如图 1-12 所示为已加入到项目中的文件组。

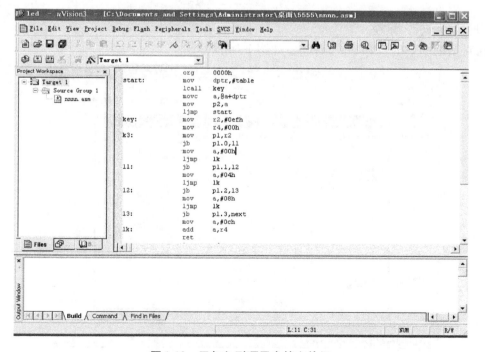

图 1-12 已加入到项目中的文件组

7. 项目设置

项目建立好以后，还要对工程进行进一步的设置，以满足要求。首先单击左边项目管理窗口的 Target 1，然后执行菜单命令"Project"→"Options for Target 'Target 1'"（图 1-13），即出现对工程设置的对话框。这个对话框非常复杂，共有 10 个页面，绝大部分设置项取默认值。

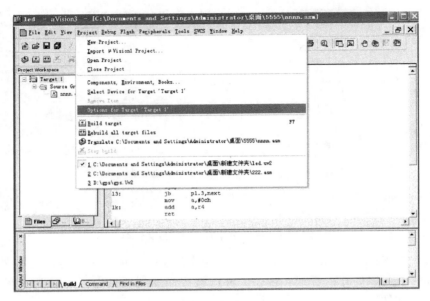

图 1-13　选择工程设置菜单

（1）"Target"标签。

在对话框中单击"Target"标签，如图 1-14 所示。

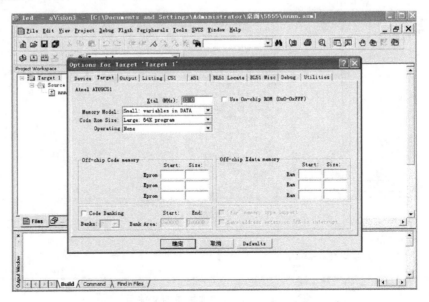

图 1-14　项目工程"Target"页面设置菜单

① Xtal（MHz）——晶振频率值。

默认值是所选目标 CPU 的最高可用频率值，可根据需要进行设置。该数值与最终产生的目标代码无关，仅用于软件模拟调试时显示程序执行时间。正确设置该数值可使显示时间与实际所用时间一致，一般将其设置成与硬件所用晶振频率相同，如果没必要了解程序执行时间，也可以不设。

② Memory Model——选择编译模式（存储器模式）。

Small：所有变量都在单片机 RAM 中。

Compact：可以使用一页外部扩展 RAM。

Large：可以使用全部外部扩展 RAM。

③ Code Rom Size——用于设置 ROM 的使用。

Small：只适用低于 2 KB 的程序空间。

Compact：单个函数的代码量不能超过 2 KB，整个程序可使用 64 KB 程序空间。

Large：可用全部 64 KB 程序空间。

④ Operating——操作系统选择项。

Keil 提供了两种操作系统：RTX-51 Tiny 和 RTX-51 Full，通常我们不使用任何操作系统，即使用该项的默认值 none（不使用任何操作系统）。

⑤ Off-chip Code memory——用以确定系统拓展 ROM 地址范围。

⑥ Off-chip Xdata memory——用以确定系统拓展 RAM 地址范围。

这些选择项必须根据所用硬件程序来决定，如果是最小应用系统，不进行任何拓展，均无须重新选择，按默认值设置即可。

（2）"Output"标签。

在对话框中选择"Output"标签，如图 1-15 所示。

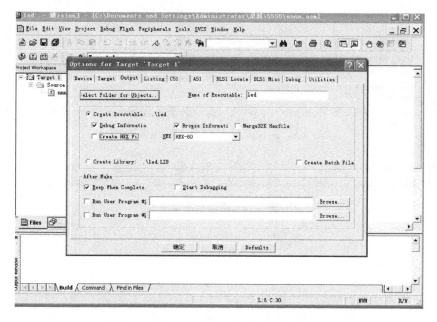

图 1-15　项目工程"Output"页面设置菜单

① Select Folder for Objects：选择最终的目标文件所在的文件夹，默认是与工程文件在同一个文件夹中，一般不需要更改。

② Name of Executable：用于指定最终生成的目标文件的名字，默认与工程文件的名字相同，一般无须更改。

③ Debug Information：将会产生调试信息，这些信息用于调试，如果需要对工程进行调试，应当选中该项。

④ Browse Information：产生浏览信息，该信息可以通过执行菜单命令"view"和"browse"来查看，这里取默认值。

⑤ Create HEX File：用于生成可执行代码文件。可以用编码器写入单片机芯片的 HEX 格式文件，文件的扩展名为 .hex。一定将其左边方框打上钩，其他选默认值即可。

8. 编译和链接

配置目标选项窗口完成后，我们再来看图 1-16 所示的编译菜单，各编译按钮功能如下：

（1）Build target：编译当前项目，如果先前编译过一次之后文件没有做编译改动，这时再单击则不会重新编译。

（2）Rebuild all target files：重新编译，每单击一次均会再次编译链接一次，不管程序是否有改动。

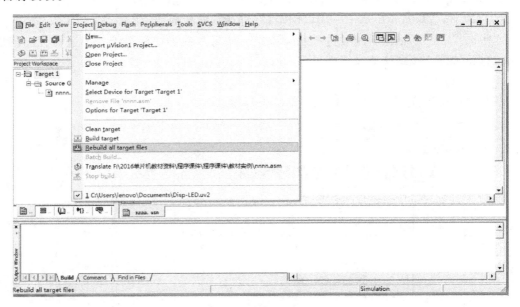

图 1-16　编译链接菜单

在图 1-17 所示的信息输出窗口中可以看到编译的错误信息和使用的系统资源情况等。

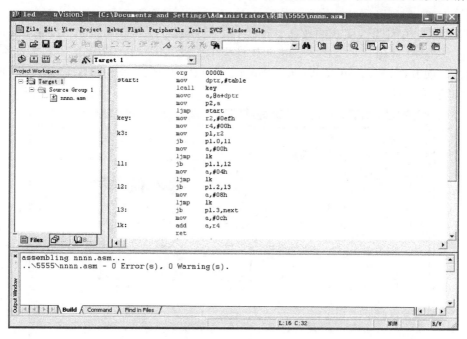

图 1-17　信息输出窗口

9. 软件模拟调试的设置与调试

（1）执行"Project"→"Options for Target'Target1'"命令，弹出相应的对话框，单击"Debug"标签，选中"Use Simulator"单选按钮，按图 1-18 所示选择软件模拟调试。

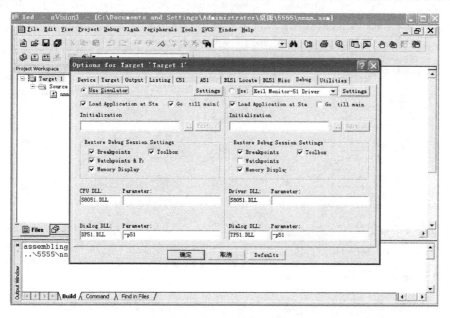

图 1-18　选择软件模拟调试窗口

（2）执行"Project"→"Build target"命令，编译、连接项目。若无语法错误，方能进行调试。

（3）开启/关闭调试模式的按钮，或执行"Debug"→"Start/Stop Debug Session"命令，或按快捷键 < Ctrl > + < F5 >，进入软件模拟调试，按"Peripherals"菜单的各项即可进行调试。如 I/O Ports，可选 Port 0、Port 1、Port 2、Port 3，显示 P0、P1、P2、P3 口的变化，如图 1-19 所示。

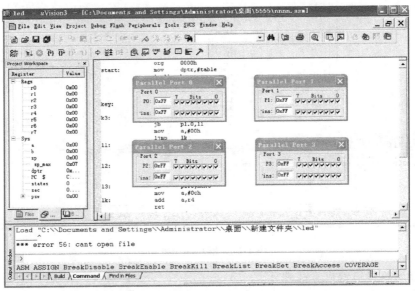

图 1-19 "Peripherals"菜单的"I/O Ports"

（4）执行"View"→"Periodic Window Updata"命令，如图 1-20 所示，可动态观察显示 P0、P1、P2、P3 口的变化结果。

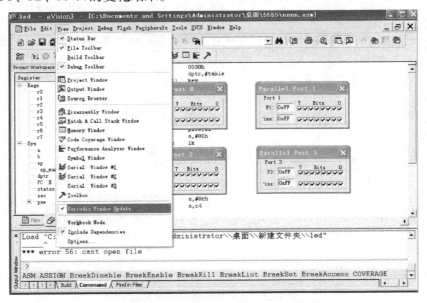

图 1-20 选择"Periodic Window Updata"选项

10. 外部硬件仿真连接调试

（1）单击"Project"→"Option for Target 'Target 1'"选项或者单击工具栏上的"Option for Target"标签，弹出对应的对话框，单击"Debug"标签，选中"Use"，选择硬件仿真调试。

（2）再单击"Settings"按钮，设置通信接口。设置好后的情形如图 1-21 所示，单击"OK"按钮即可。最后将工程编译，进入调试状态并运行。

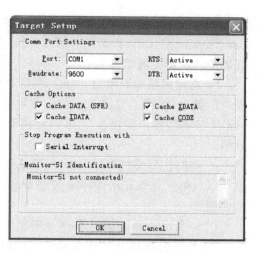

图 1-21　设置仿真通信

1.3.4　仿真开发工具 Proteus ISIS 简介

Proteus ISIS 是 1988 年由英国 Labcenter Electronics公司开发的电路分析与实物仿真集成开发环境。它运行于 Windows 操作系统上，基于 Proteus 的单片机虚拟开发环境，有效地将理论与实践联系起来，可以仿真、分析（SPICE）各种模拟器件和集成电路。

1. Proteus 软件的性能特点

（1）智能原理图设计。

① 丰富的器件库：超过 8 000 种元器件，可方便地创建新元件。

② 智能的器件搜索：通过模糊搜索可以快速定位所需要的器件。

③ 智能化的连线功能：自动连线功能使连接导线简单快捷，大大缩短绘图时间。

④ 支持总线结构：使用总线器件和总线布线使电路设计简明清晰。

⑤ 可输出高质量图纸：通过个性化设置，可以生成印刷质量的 BMP 图纸，可以方便地供 Word、PowerPoint 等多种文档使用。

（2）完善的仿真功能。

① ProSPICE 混合仿真：基于工业标准 SPICE3F5，实现数字/模拟电路的混合仿真。

② 超过 6 000 个仿真器件：可以通过内部原型或使用厂家的 SPICE 文件自行设计仿真器件，Labcenter 也在不断地发布新的仿真器件，还可以导入第三方发布的仿真器件。

③ 多样的激励源：包括直流、正弦、脉冲、分段线性脉冲、音频（使用 wav 文件）、指数信号、单频 FM、数字时钟和码流，还支持文件形式的信号输入。

④ 丰富的虚拟仪器：13 种虚拟仪器、面板操作逼真，如示波器、逻辑分析仪、信号发生器、直流电压/电流表、交流电压/电流表、数字图形发生器、频率计/计数器、逻辑探头、虚拟终端、SPI 调试器、I2C 调试器等。

⑤ 生动的仿真显示：用色点显示引脚的数字电平，导线以不同颜色表示其对地电压大小，结合动态器件（如电机、显示器件、按钮）的使用可以使仿真更加直观、生动。

⑥ 高级图形仿真功能：基于图标的分析可以精确分析电路的多项指标，包括工作点、瞬态特性、频率特性、传输特性、噪声、失真、傅立叶频谱分析等，还可以进行一致性分析。

⑦ 独特的单片机协同仿真功能：

a. 支持主流的 CPU 类型，如 ARM7、8051/51、AVR、PIC10/12、PIC16/18、HC11、BasicStamp 等，CPU 类型随着版本升级还在继续增加（需要购买 Proteus VSM 并需要指定具体的处理器类型模型）。

b. 支持通用外设模型，如字符 LCD 模块、图形 LCD 模块、LED 点阵、LED 七段显示模块、键盘/按键、直流/步进/伺服电机、RS232 虚拟终端、电子温度计等，其 COMPIM（COM 口物理接口模型）还可以使仿真电路通过 PC 串口和外部电路实现双向异步串行通信。

c. 实时仿真支持 UART/USART/EUSART 仿真，内带 8051、AVR、PIC 的汇编编译器，也可以与第三方集成编译环境（如 IAR、Keil 和 Hitech）结合，进行高级语言的源码级仿真和调试。

（3）实用的 PCB 设计平台（需要购买相应的 Proteus PCB Design 软件）。

① 原理图到 PCB 的快速通道：原理图设计完成后，一键便可进入 ARES 的 PCB 设计环境，实现从概念到产品的完整设计。

② 先进的自动布局/布线功能：支持无网络自动布线或人工布线，利用引脚交换/门交换可以使 PCB 设计更为合理。

③ 完整的 PCB 设计功能：最多可设计 16 个铜箔层、2 个丝印层、4 个机械层（含板边），灵活的布线策略供用户设置，自动设计规则检查。

④ 多种输出格式的支持：可以输出多种格式文件，包括 Gerber 文件的导入或导出，便于与其他 PCB 设计工具的互转（如 protel）以及 PCB 板的设计和加工。

2. Proteus 软件的优点

（1）内容全面。

实验的内容包括软件部分的汇编、C51 等语言的测试过程，也包括硬件接口电路中的大部分类型。对同一类功能的接口电路，可以采用不同的硬件来搭建完成，因此采用 Proteus 仿真软件进行实验教学，克服了用单片机实验板教学中硬件电路固定、实验内容固定等方面的局限性，可以扩展学习的思路和提高学习兴趣。

（2）硬件投入少，经济优势明显。

对于传统的采用单片机实验板的教学实验，由于硬件电路的固定，也就将单片机的 CPU 和具体的接口电路固定了下来。Proteus 所提供的原件库中，大部分可以直接用于接口电路的搭建，同时该软件所提供的仪表，不管在质量还是数量上，都是可靠和经济的。

（3）可自行实验，锻炼解决实际工程问题的能力。

对单片机控制技术或智能仪表的研究和学习，如果采用传统的试验箱学习，需要购置的设备比较多，增加了学习和研究的投入。采用仿真软件后，学习的投入变得比较小，而实际工程问题的研究，也可以先在软件环境中模拟通过，再进行硬件的投入，这样处理，不仅省时省力，也可以节省因方案不正确所造成的硬件投入的浪费。

（4）实验过程中损耗小，基本没有元件器件的损耗问题。

在传统的实验学习过程中，都涉及因操作不当而造成的元器件和仪器仪表的损毁，也涉及仪器仪表等工作时间所造成的能源消耗。采用 Proteus 仿真软件进行的实验教学，则不存在上述问题，其在实验的过程中是比较安全的。

（5）与工程实践最为接近，可以了解实际问题的解决过程。

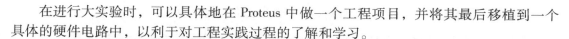

在进行大实验时，可以具体地在 Proteus 中做一个工程项目，并将其最后移植到一个具体的硬件电路中，以利于对工程实践过程的了解和学习。

（6）大量的范例，可供学习参考处理。

在设计系统时，存在对已有资源的借鉴和引用处理，而该仿真系统所提供的较多的比较完善的系统设计方法和设计范例，可供学习参考和借鉴。同时也可以在原设计上进行修改处理。

（7）协作能力的培养和锻炼。

一个比较大的工程设计项目是由一个开发小组协作完成的。了解和把握别人的设计意图和思维模式，是团结协作的基础。在 Proteus 中进行仿真实验时，所涉及的内容并不全是独立设计完成的，因此对于锻炼团结协作意识很有好处。

1.3.5　Proteus ISIS 的使用方法

1. Proteus ISIS 的启动

双击桌面上的 ISIS 7 Professional 图标或者单击屏幕左下方的"开始"→"所有程序"→"Proteus 7 Professional"→"ISIS 7 Professional"命令，出现如图 1-22 所示的界面，表明已进入 Proteus ISIS 集成环境。

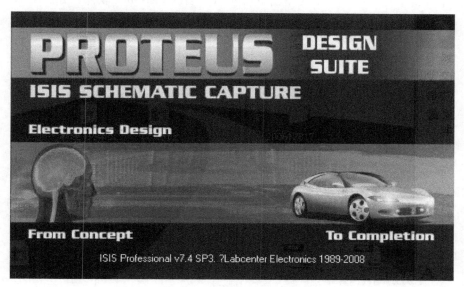

图 1-22　启动 Proteus 界面

2. Proteus ISIS 界面简介

安装完 Proteus 后，运行 ISIS 7 Professional，会出现如图 1-23 所示的窗口界面。

Proteus ISIS 的工作界面是一种标准的 Windows 界面，包括：标题栏、主菜单、标准工具栏、绘图工具栏、状态栏、对象选择按钮、预览对象方位控制按钮、仿真进程控制按钮、预览窗口、对象选择窗口、图形编辑窗口。

3. Proteus ISIS 电路载入

鉴于篇幅的限制，硬件电路原理图的设计在此不做介绍，请参考相关书籍。

以打开一个存在的设计电路为例，进入 Proteus 的 ISIS，执行"File"→"Load Design"命令，在指定的文件夹下找到 xxx. dsn 硬件电路，装入硬件。

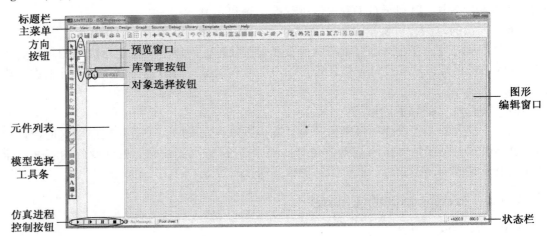

图 1-23　Proteus ISIS 的工作界面

4. Proteus 的设置

右击单片机芯片 AT89C51，再单击 AT89C51，装入 LED. hex 软件，如图 1-24 所示。

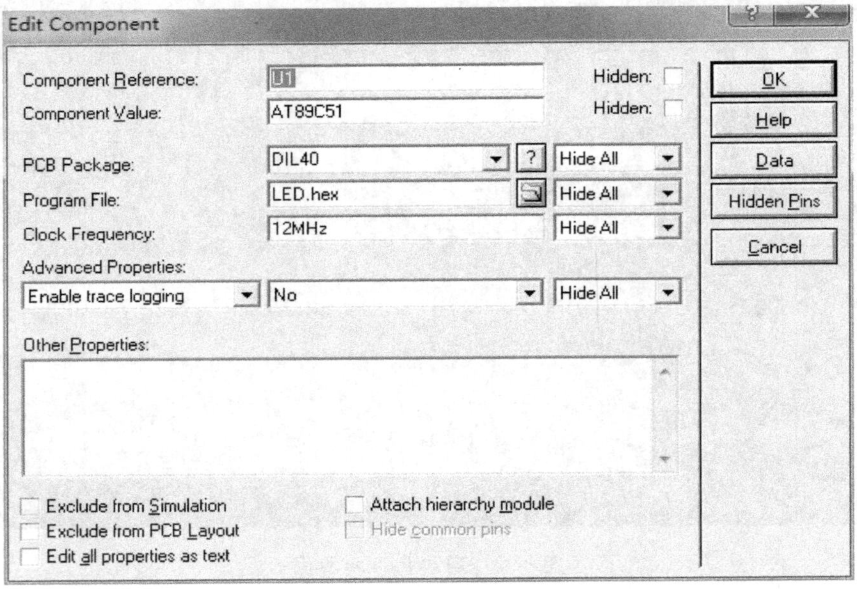

图 1-24　装入 LED. hex 软件

在"Program File"中单击图标 ![]出现文件浏览对话框，找到 LED. hex 文件，单击"确定"按钮，完成添加文件，在"Clock Frequency"中把频率改为与硬件时钟频率一致，如11.0592 MHz，单击"OK"按钮退出。

5. Proteus 仿真调试

单机仿真运行开始按钮 ![]，或执行"Debug"→"Start/Stop Debug Session"命令，单击"1"，进行硬件模拟调试。我们能清楚地观察到每一个引脚的电平变化，红色代表高电平，蓝色代表低电平，灰色代表不确定电平。运行时，通过"Debug"菜单的相应命令仿真程序和查看相关资源及电路的运行情况。

与"Debug"菜单的相应命令对应的按钮如图 1-25 所示。

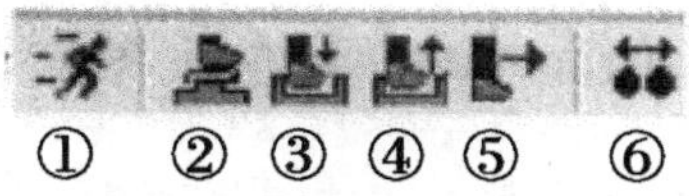

各按钮的功能如下：

① 连续运行，会退出单步调试状态。

② 单步运行，遇到子函数会直接跳过。

③ 单步运行，遇到子函数会进入其内部。

④ 跳出当前函数，当用 ![icon] 进入带函数内部，使用它会立即退出该函数返回上一级函数，可见它应该与 ![icon] 配合使用。

⑤ 运行到鼠标所在行。

⑥ 添加或删除断点，设置了断点后的程序会停在断点处。

图 1-25　与"Debug"菜单对应的按钮

6. Proteus ISSI 的退出

在主窗口中选取菜单项"File"→"Exit"（"文件"→"退出"），屏幕中央出现提问框，询问用户是否想关闭 Proteus ISIS，单击"OK"按钮，即可关闭 Proteus ISIS。如果当前电路图修改后尚未存盘，在提问框出现前还会询问是否存盘。

1.4　C51 程序简介

1.4.1　C51 程序简介

每一个 C51 程序都必须至少有一个函数，以 main 为名，称为 main 函数或主函数。主函数是程序的入口，在程序运行时从 main 函数开始执行，也结束于 main 函数，其他函数都是预备让 main 函数调用的。

在 C51 程序中，单片机有一个头文件 reg51. h 要包含进来，因为这个头文件中包含了对于单片机内所有寄存器的定义。

1.4.2　简单 C51 程序编制

编写一个简单的 C 语言程序，使 P1 口控制的灯会受控于 P3 口连接的按钮。

```
#include < reg51. h >
main( )
{
    P3 = 0xFF;
    P1 = P3;
}
```

1.4.3 发光二极管和按键的基本知识

1. 发光二极管的基本知识

发光二极管（Light-Emitting Diode，简称为 LED）是能直接将电能转变成光能的发光显示器材。由于其体积小，耗电低，常被用作微型计算机与数字电路的输出装置，用以显示信号状态。随着 LED 的发展，甚至取代了传统的灯泡，成为交通灯的发光器件。超大的电视屏幕也可以由大量 LED 集结形成，汽车的尾灯也开始流行使用 LED。

发光二极管的外形图与符号如图 1-26 所示。

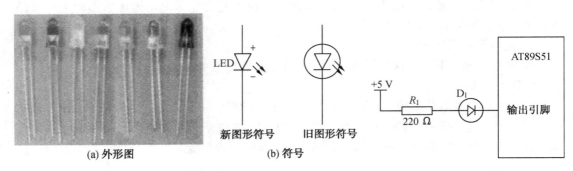

（a）外形图 （b）符号

图 1-26　发光二极管的
外形图及符号

图 1-27　发光二极管与
单片机的连接示意图

发光二极管具有单向导电性。当外加反向偏压，二极管截止不发光；当外加正向偏压，二极管导通，因流过正向电流而发光。不过它的正向导通电压大约为 1.7 V（比普通二极管大），同时发光的亮度随通过的正向电流增大而增强，但其寿命会随着亮度的增加而缩短。所以，一般发光二极管的工作电流在 10 ~ 20 mA 为宜。因此，在与单片机的某一输出引脚连接时，为了保证发光二极管和单片机能够安全工作，在连接发光二极管的电路中需要考虑限流电阻。发光二极管与单片机的连接示意图如图 1-27 所示。D_1 为发光二极管，电阻 R_1 为限流电阻。关于限流电阻 R_1 的参数选择：当输出引脚输出低电平时，输出端电压接近 0 V，LED 灯单向导通，导通压降约为 1.7 V，则 R_1 两端电压为 3.3 V 左右；若希望流过 LED 的电流为 15 mA，则限流电阻 R_1 应该为 3.3 V/15 mA = 220 Ω。若想再让灯亮一点，可适当减小 R_1 阻值即可，电阻越小，LED 越亮。R_1 的可选范围一般为 200 ~ 470 Ω。

2. 按键的基本知识

开关是数字电路中最基本的输入设备，按键开关（Button）是开关的一种，它的特点是具有自动恢复（弹回）功能。当我们按下按键时其中的接点接通（或断开），手松开后接点恢复为断开（或接通）。在电子电路方面，最常用的按键开关就是轻触开关（Tact Switch），其实物与符号如图 1-28 所示。虽然这类按键有四个引脚，但实际上只有一对接点。电子电路或微型计算机使用的按键开关的尺寸为 8 mm、10 mm、12 mm 等。

要将按键作为数字电路或微型计算机的输入来使用时，通常会接一个电阻到 5 V 电源或地，常用接法有两种，如图 1-29（a）、（b）所示。如图 1-29（a）所示按键平时为开路状态，其中 470 Ω 的电阻连接到地，使输入引脚上保持为低电平，即输入为 0；当按键平时，单片机的输入引脚经开关被接至电源 +5 V，即输入为 1。如图 1-29（b）所示，按键平时也为开路状态，其中 10 kΩ 的电阻连接到 5 V 电源，使输入引脚上保持为高电平，即输入为 1；当按键按下时，单片机的输入引脚被接地，即输入为 0。

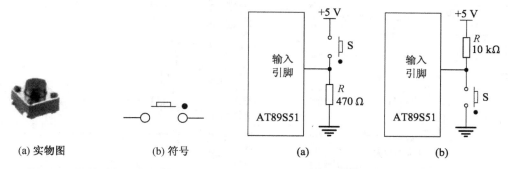

| (a) 实物图 | (b) 符号 | (a) | (b) |

图 1-28　按键的实物图及符号　　　　**图 1-29　按键与单片机的连接示意图**

案例 1　单个信号灯控制器设计

1. 任务描述

信号灯在工厂企业、交通运输业、商业、学校等各个行业应用非常广泛，信号灯有各种各样的类型，其用途也各不相同。信号灯不同的颜色、不同的形状、不同的亮暗规律等都表示不同的含义，因此，对信号灯的控制尤为重要。信号灯的控制有多种方式，如机械开关控制方式、电器开关控制方式、数字逻辑电路控制方式、可编程逻辑器件 PLD 控制方式、单片机控制方式等。其中，应用单片机对信号灯进行控制，具有控制电路简单、控制灵活、操作方便等一系列优点，应用非常广泛。

本案例是用单片机设计一个单个信号灯控制器，要求：单片机接一个发光二极管 L_1 和一个独立按键 S_1，发光二极管显示按键的状态。即按下 S_1 时，L_1 点亮；松开 S_1 时，L_1 灭。

2. 总体设计

本案例的设计需要硬件与软件两大部分协调完成。系统硬件电路以 AT89S51 单片机控制器为核心，包括单片机最小系统硬件电路、按键电路和 LED 信号灯电路几个部分。系统结构框图如图 1-30 所示。软件部分主要实现对按键的状态判断及 LED 灯的亮灭控制。

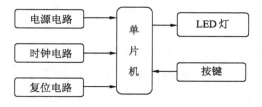

图 1-30　单个信号灯控制器的系统结构

3. 硬件设计

单个信号灯控制器的硬件电路如图 1-31 所示。

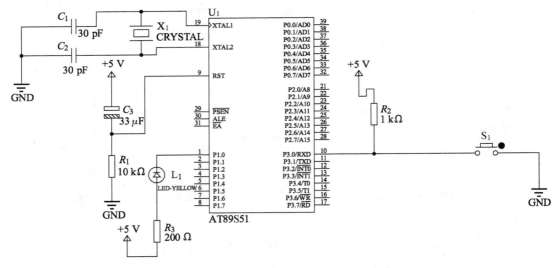

图 1-31　单个信号灯控制器硬件电路原理图

实现该任务的硬件电路中包含的主要元器件为：AT89S51 1 片、78L05 1 个、按键 1 个、LED 灯 1 个、12 MHz 晶振 1 个、电阻和电容等若干。

P3.0 口作为输入口使用，将按键 S_1 接至 P3.0。按键在没有按下时，输入引脚上保持为高电平。当按键按下时，单片机的输入引脚接地。其中 1 kΩ 的电阻 R_2 为上拉电阻。

选择 P1.0 作为输出口使用，将 LED 灯 L_1 接至 P1.0。R_1 为其限流电阻，其参数选择为 220 Ω。当 P1.0 输出低电平时灯亮，当 P1.0 输出高电平时灯灭。

整个系统工作时，单片机读取按键的状态，并将按键的状态送 LED 显示。

4. 软件设计

（1）软件流程图如图 1-32 所示。

（2）源程序如下：

```
#include < reg51. h >
main( )
{
    P3 = 0xFF;
    P1 = P3;
}
```

5. 虚拟仿真与调试

（1）打开 Proteus ISIS 软件，装载本项目的硬件图。

（2）将 Keil μVision3 软件开发环境下编译生成的 HEX 文件装载到 Proteus 虚拟仿真硬件电路中 AT89S51 芯片里。

（3）启动仿真运行后，在"Debug"菜单下打开相应的部件，自行观察运行结果，如果有不完全符合设计要求的情况，调整源程序并重复步骤（1）、（2），直至完全符合本项

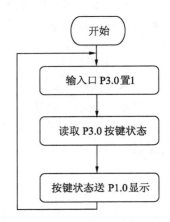

图 1-32　单个信号灯控制软件流程图

目提出的各项设计要求。

特别说明： 在后续各案例中，虚拟仿真与调试的方法和步骤均同此项目，在以后项目中不再赘述。

单个信号灯控制器的 Proteus 仿真硬件电路如图 1-33 所示。在 Keil μVision3 与 Proteus 环境下完成信号灯控制器的仿真调试。观察调试结果如下：当按下 S_1 时，灯 L_1 点亮，松开后灯 L_1 灭；P3.0 接的按键状态确实是在相应的 LED 灯上得到反映，可以确定 P3.0 起输入口的作用，P1.0 起到了输出口的作用。

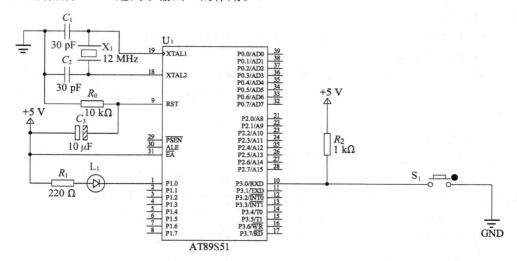

图 1-33　单个信号灯控制器的 Proteus 仿真硬件电路图

6. 硬件制作与调试

（1）元器件采购。

采购清单见表 1-3。

表 1-3　元器件清单

序号	器件名称	规格	数量	序号	器件名称	规格	数量
1	单片机	AT89S51	1	6	电阻	220 Ω	1
2	电解电容	10 μF	1	7	轻触按键	8 位	1
3	瓷介电容	30 pF	2	8	发光二极管	Φ5	1
4	晶振	12 MHz	1	9	印制板	PCB	1
5	电阻	10 kΩ	2	10	集成电路插座	DIP40	1

（2）硬件制作。

对照元器件表，检查所有元器件的规格、型号有无错误，如有则及时纠正。检查硬件 PCB 版图是否符合设计要求，如不符合要求则不要焊接，特别注意焊接的大小，太小可手工加大，但要特别注意焊盘。按电子组装工艺焊接要求焊接电路板。

（3）调试方法与步骤。

① 电路板静态检查。

对照元器件表，检查所需元器件的规格、型号有无错误。对照原理图仔细检查有无错线、短路、断路等故障。需要重点关注单片机最小系统的构建是否正确，包括晶振的选择，各电阻、电容大小及类型的选择。还需要关注有极性的器件——LED 及电解电容等的极性有无错接、AT89S51 芯片有无插反等。轻触按键四个脚的接法是否正确、有无短接。还应特别注意检查电源系统，以防止电源短路和极性错误，并重点检查系统信号线是否存在相互之间短路。

本案例还需要重点关注发光二极管是否由 P1.0 控制，而按键是否连接至 P3.0 脚。

② 电路板通电检查。

检查电源电压的幅值和极性无误后给电路板通电。加电后检查各插件上引脚的电位，一般先检查 V_{cc} 与 GND 之间的电位，若在 4.8 ~ 5 V 之间属正常。若有高压，调试时会使应用系统中的集成块发热损坏。

③ 程序在线仿真。

（没有仿真器的用户此步骤可以不做）

将生成的目标文件（HEX 文件）装载到单片机开发系统的仿真 RAM 中。运行程序，观察到如下结果：按下按键 S_1，则发光二极管点亮；松开按键 S_1 后该灯灭。

也可采用单步运行（Step）、设置断点等方法调试程序，观察每一条指令运行后电路板上交通灯的状态变化。若与功能不符，建议检查程序，修改功能。

④ 程序装载。

确认仿真结果正确后，将生成的 HEX 文件通过 ISP 在线编程或编程器直接烧写到单片机中。若使用编程器烧写，再反复烧写拔插芯片可将写好程序的 AT89S51 芯片插入电路板的相应位置（注意芯片的槽口），接上电源启动运行，观察结果。

若通过 ISP 在线编程，只要将 ISP 电缆和目标板的 ISP 接口连接后，就可以不拔下单片机芯片直接对实验板内部程序进行下载更新，彻底告别以前用普通编程器反复烧写拔插芯片的烦恼。程序下载完成后自动运行，具有所见即所得的特点，效率较高。本项目中采用的单片机 AT89S51 具有在线编程（ISP）的功能，通常采用在线编程。

⑤ 结果分析。

程序正常运行后观察运行结果是否与仿真结果一致。测试结果若不符合设计的要求，则对硬件电路和软件进行检查重复调试。

⑥ 硬件调试注意事项。

在系统硬件调试时会发现通电后电路板不工作，首先用示波器检查 ALE 脚及 XTAL2 脚是否有波形输出（也可以用万用表测量这两个脚对地电压，约电源电压一半左右即表示有振荡信号）。若没有波形输出，需要检查单片机最小系统接线是否正确。单片机最小系统必须满足基本的硬件条件系统才能正常工作，尤其是使用单片机芯片内部的程序存储器时，EA 脚一定要接高电平。

在硬件调试时可能会出现 LED 不亮，检查 LED 的极性是否接反、限流电阻的选择是否合适、电路是否虚焊以及 LED 是否损坏。

在硬件调试时可能出现按键不起作用，检查按键接线是否正确、电阻选择是否合适及电路是否虚焊。

　　若选择 ISP 在线编程，在使用下载头之前，必须检查目标板电源是否短路，以及各 ISP 相关引脚是否接错。ISP 下载头部分的应用属于单片机应用中较高级的范围，如果用户没有应用过，则在充分了解 ISP 相关资料后再动手实验。

　　特别说明：在后续各案例中，硬件制作和调试方法与步骤均与此案例相同，故不再赘述，仅对每个案例中电路板静态检查和通电检查中调试注意事项加以强调。

能力拓展

　　将 P3 口接 8 个按键，P1 口接 8 个灯，看看结果会如何。

练习题 1

1. 什么叫单片机?

2. 试简述单片机的应用领域。

3. 将下列十进制数转换为二进制数。

(1) $(174)_{10}$　　　　(2) $(37.438)_{10}$　　　(3) $(0.416)_{10}$　　　(4) $(81.39)_{10}$

4. 将下列二进制数转换为十进制数。

(1) $(1100110011)_2$　(2) $(101110.011)_2$　(3) $(1000110.101)_2$

5. 将下列十六进制数转换为二进制数。

(1) $(36B)_{16}$　　　　(2) $(4DE.C8)_{16}$　　　(3) $(7FF.ED)_{16}$

6. 将下列二进制数转换为十六进制数。

(1) $(1001011.01)_2$　(2) $(1110010.1101)_2$　(3) $(1100011.011)_2$

7. 将下列十进制数转换为8421BCD码。

(1) $(87)_{10}$　　　　(2) $(34.15)_{10}$　　　(3) $(67.94)_{10}$

8. 想一想：假如有1024个单元的存储器，则需要多少位地址对其进行寻址?

任务 **2**

单片机彩灯控制器设计

2.1　MCS-51 单片机基本结构

2.1.1　单片机结构

AT89S51 单片机的组成框图如图 2-1 所示，内部结构如图 2-2 所示。

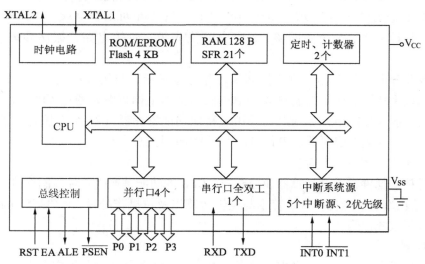

图 2-1　AT89S51 单片机组成框图

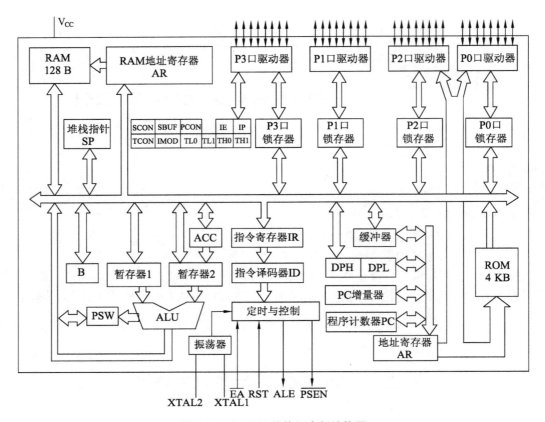

图 2-2　AT89S51 单片机内部结构图

AT89S51 主要包含以下功能部件：8 位 CPU；128 B 内部数据存储器 RAM，21 个特殊功能寄存器；4 KB（4 096 个单元）的在线可编程 Flash 片内程序存储器 Flash ROM；4 个 8 位并行输入/输出口（即 I/O 口）P0、P1、P2、P3；1 个可编程全双工的异步串行口；2 个 16 位定时/计数器；5 个中断源、2 个中断优先级；时钟电路，振荡频率 $f_{\rm osc}$ 为 0 ~ 33 MHz。

以上各部分由 8 位内部总线连接起来，并通过各端口与机外沟通。其中总线分为三类：数据总线、地址总线和控制总线。单片机的基本结构仍然是通用 CPU 加上外围芯片的结构模式，但在功能单元控制上均采用了特殊功能寄存器（21 个专用寄存器 SFR）的集中控制方法，完成对定时器、串行口、中断逻辑的控制。

1. 中央处理器 CPU（8 位）

CPU 是核心部件，包括运算器和控制器。CPU 的功能是产生各种控制信号，控制存储器、输入/输出端口的数据传送、算术与逻辑运算以及位操作处理。AT89S51 的 CPU 能处理 8 位二进制数或代码。

（1）控制器。

控制器是发布操作命令的机构，是指挥中心。它对来自存储器的指令进行译码，通过定时控制电路在指定的时刻发出各种操作所需的控制命令，以使各部分协调工作完成指令所规定的功能。主要由程序计数器 PC、指令寄存器、指令译码器、地址指针 DPTR、堆栈指针 SP、定时控制和条件转移逻辑电路组成。程序计数器 PC 为二进制 16 位专用寄存器，用来存放下一条将要执行的指令的地址，具有自动加 1 的功能。指令寄存器用于暂存待执行的指令，等待译码。指令译码器对指令寄存器的指令进行译码，将指令转变为执行此指令所需的电信号。DPTR 为 16 位寄存器，是专用于存放 16 位地址的，该地址可以是片内、外 ROM，也可以是片内、外 RAM。SP 是 8 位寄存器，属于堆栈指针。

（2）运算器。

运算器主要完成算术运算（加减乘除、加 1、减 1、BCD 加法的十进制调整）、逻辑运算（与、或、异或、清 0、求反）、移位操作（左右移位）。它以 8 位的算术、逻辑运算部件 ALU（Architecher Logic Unit）为核心，与通过内部总线挂在其周围的暂存器、累加器 ACC、程序状态字 PSW、BCD 码运算调整电路、通用寄存器 B、专用寄存器和布尔处理机组成了整个运算器的逻辑电路。ALU 由加法器和其他逻辑部件组成，可以对半字节、字节等数据进行算术和逻辑运算。累加器 ACC，简称 A，是 CPU 中最繁忙的寄存器，所有的算术运算和大部分的逻辑运算都是通过 A 来完成的，它用于存放操作数或运算结果。B 寄存器主要用于乘除操作。布尔处理机则是专门用来对位进行操作的部分，如置位、清 0、取反、移位、传送和逻辑运算。

2. 内部数据存储器（内部 RAM）

AT89S51 单片机中共有 256 个 RAM 单元，但后 128 个单元被 21 个特殊功能寄存器占用，能作为一般寄存器供用户使用的只是前 128 个单元，用于存放可读写的数据、运算的中间结果或用户定义的字形表。因此通常所说的内部数据存储器就是前 128 个单元，简称为内部 RAM。

3. 内部程序存储器（内部 ROM）

AT89S51 单片机共有 4 KB 的 Flash ROM，用于存放程序、原始数据或表格，因此称之为程序存储器，简称内部 ROM。

4. 定时器/计数器

AT89S51 单片机共有两个 16 位的定时器/计数器，以实现定时或计数功能，并以其定时或计数结果对计算机进行控制。

5. 并行 I/O 口

AT89S51 单片机共有四个 8 位的并行 I/O 口（P0、P1、P2、P3），以实现数据的并行输入/输出。在案例 1 中我们就使用了 P1 口的 P1.0 和 P3 口的 P3.0 这两根 I/O 口线，通过 P1.0 连接 1 个 LED 灯，通过 P3.0 连接一个独立按键。

6. 串行口

AT89S51 单片机有 1 个异步的全双工的串行口，以实现单片机和其他设备之间的串行数据传送。该串行口功能较强，既可作为全双工异步通信收发器使用，也可作为同步移位寄存器使用。

7. 中断控制系统

AT89S51 单片机的中断功能较强，以满足控制应用的需要。共有 5 个中断源，即外部中断 2 个，定时/计数器中断 2 个，串行口中断 1 个。全部中断分为高级和低级共两个中断优先级别。

8. 时钟电路

AT89S51 单片机的内部有时钟电路，用于产生整个单片机运行的时序脉冲，但石英晶体和微调电容须外接。

2.1.2　单片机的引脚介绍

常见的单片机的封装形式有两种，一种是双列直插式（DIP）封装，另一种是方形封装。AT89S51 是标准的 40 引脚双列直插式集成电路芯片，引脚排列参见图 2-3。由于 AT89S51 是高性能的单片机，同时受到引脚数目的限制，所以部分引脚具有第二功能。AT89S51 的引脚与其他 51 系列单片机的引脚兼容，只是个别引脚定义不同。

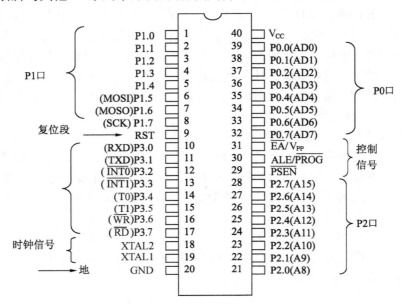

图 2-3　AT89S51 单片机引脚图

1. 电源引脚

主电源引脚 GND（20 脚）和 V_{CC}（40 脚）。

- GND：接地。

- V_{CC}：主电源 +5 V。

2. 外接晶振引脚

XTAL1（19 脚）和 XTAL2（18 脚）用于外接晶振。与单片机内部的放大器一起构成一个振荡电路，用于为单片机工作提供时钟信号。

3. 复位引脚

RST（9 脚）：只要该引脚产生两个机器周期的高电平，就可以完成单片机复位。

4. I/O 引脚

AT89S51 单片机有 4 个 8 位并行的 I/O 口，分别是 P0 ~ P3 口，共包含 32 个 I/O 引脚，每一个引脚都可以单独编程控制。

- P0 口：8 位双向 I/O 口，引脚名称为 P0.0 ~ P0.7（39 脚至 32 脚）。

- P1 口：8 位准双向 I/O 口，引脚名称为 P1.0 ~ P1.7（1 脚至 8 脚）。

- P2 口：8 位准双向 I/O 口，引脚名称为 P2.0 ~ P2.7（21 脚至 28 脚）。
- P3 口：8 位准双向 I/O 口，引脚名称为 P3.0 ~ P3.7（10 脚至 17 脚）。

其中，P1.5 ~ P1.7 和 P3 口的 8 个引脚具有第二功能。P1.5 ~ P1.7 的第二功能用于在线编程（ISP），P3 口的第二功能用于特殊信号输入/输出和控制信号，具体介绍见 2.1.4。

这 4 个 I/O 口在功能上各有特点。在单片机不进行并行扩展时，4 个 I/O 口均可作为双向 I/O 口使用，可用于连接外设，如 LED 灯、喇叭、开关等。在单片机有并行扩展任务时，P0 口专用于分时传送低 8 位地址信号和 8 位数据信号（即 AD0 ~ AD7），P2 口专用于传送高 8 位地址信号（即 A8 ~ A15）。P3 口则可根据需要使用第二功能。

5. 存储器访问控制引脚

$\overline{EA}/V_{PP}$（31 脚），该引脚为复用引脚，功能如下：

（1）$\overline{EA}$ 功能：单片机正常工作时，该脚为内外 ROM 选择端。用户编写的程序可以存放于单片机内部的程序存储器中，也可以放在单片机外部的程序存储器中，到底使用内部存储器还是外部存储器，则由 $\overline{EA}/V_{PP}$ 引脚接的电平决定。当 $\overline{EA}/V_{PP}$ 引脚接 +5 V 时，CPU 可以访问内部程序存储器；当 $\overline{EA}/V_{PP}$ 接地时，CPU 只访问外部程序存储器。

（2）V_{PP} 功能：在 Flash ROM 编程期间，由此接编程电源。

6. 外部存储器控制信号引脚

$ALE/\overline{PROG}$（30 引脚）和 $\overline{PSEN}$（29 脚）为外部存储器控制信号引脚。

（1）$ALE/\overline{PROG}$ 引脚：该引脚也为复用引脚，功能如下。

① ALE 功能：地址锁存功能。

在单片机访问外部扩展的存储器时，因为 P0 口用于分时传送低 8 位地址和数据信号，那么如何区分 P0 口传送的是地址信号还是数据信号就由 ALE 引脚的信号决定。当 ALE 信号有效时，P0 口传送的是 8 位地址信号；当 ALE 信号无效时，P0 口传送的是 8 位数据信号。

在平时不访问片外扩展的存储器，即不执行 MOVX、MOVC 类指令时，ALE 端以不变的频率周期输出正脉冲信号，此频率为振荡器频率的 1/6，因此它也可用作对外部输出的脉冲或用于定时目的。

② $\overline{PROG}$ 功能：在 Flash ROM 编程期间，由此接编程脉冲。

（2）$\overline{PSEN}$ 引脚：外部 ROM 的读选通引脚。

用以产生对外部 ROM 读时的读选通信号。当对外部 ROM 取指令时，会自动在该脚输出一个负脉冲，其他情况均为高电平。

2.1.3 单片机最小系统

AT89S51 单片机最小硬件系统主要包含 4 个组成部分，即晶振电路、复位电路、电源电路和 $\overline{EA}$ 引脚电路。AT89S51 单片机最小控制系统结构如图 2-4 所示。

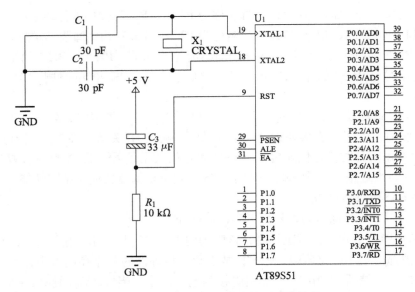

图 2-4　AT89S51 单片机最小控制系统结构

1. 晶振电路

晶振电路也叫时钟电路，用于产生单片机工作的时钟信号。而单片机工作过程是：取一条指令，译码，微操作……各指令的微操作在时间上有严格的次序，这种微操作的时间次序就称为时序。因此，单片机的时序就是 CPU 在执行指令时所需控制信号的时间顺序。单片机的时钟信号用来为芯片内部各种微操作提供时间基准，如图 2-5 所示。

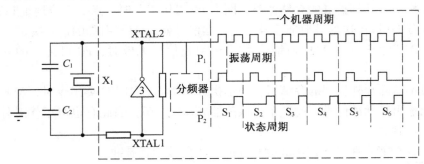

图 2-5　AT89S51 单片机的时钟信号

AT89S51 单片机的时钟产生方式分为内部振荡方式和外部时钟方式两种。如图 2-6(a)所示为内部振荡方式，利用单片机内部的反向放大器构成振荡电路，在 XTAL1（振荡器输入端）、XTAL2（振荡器输出端）的引脚上外接定时元件，内部振荡器产生自激振荡。C_1、C_2 的取值通常为 30 pF 左右。晶振通常可选 12 MHz 或 11.0592 MHz。如图 2-6(b)所示为外部时钟方式，是把外部已有的时钟信号引入到单片机内。此方式常用于多片单片机同时工作，以便与各单片机同步。一般要求外部信号高电平的持续时间大于 20 ns，且为频率低于 12 MHz 的方波。应注意的是，外部时钟由 XTAL1 引脚引入，由于此引脚的电平与 TTL 不兼容，应接一个 5.1 kΩ 的上拉电阻。XTAL2 引脚应接地。

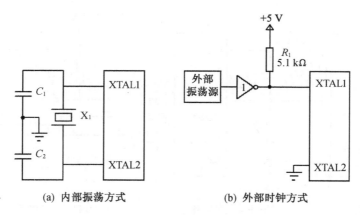

(a) 内部振荡方式　　　　　(b) 外部时钟方式

图 2-6　AT89S51 的时钟产生方式

2. 复位电路

复位就是使中央处理器（CPU）以及其他功能部件都恢复到一个确定的初始状态，并从这个状态开始工作。单片机在开机时或在工作中因干扰而使程序失控或工作中程序处于某种死循环状态等情况下都需要复位。AT89S51 单片机的复位靠外部电路实现，信号由 RESET（RST）引脚输入，高电平有效，在振荡器工作时，只要保持 RST 引脚高电平两个机器周期，单片机即复位。

（1）复位状态。

复位后，PC 程序计数器的内容为 0000H，即复位后将从程序存储器的 0000H 单元读取第一条指令码。其他特殊功能寄存器的复位状态见表 2-1。

表 2-1　MCS-51 单片机复位状态表

寄存器	复位状态	寄存器	复位状态	寄存器	复位状态
PC	0000H	TCON	00H	IP	XXX00000B
ACC	00H	TMOD	00H	IE	0XX00000B
B	00H	TH0	00H	SBUF	XXXXXXXX
SP	07H	TH1	00H	SCON	00H
PSW	00H	TL0	00H	PCON	0XXX0000
DPTR	0000H	TL1	00H	P0 ~ P3	FFH

（2）复位电路。

复位电路一般有上电复位、手动复位和自动复位电路三种，如图 2-7 所示。

3. $\overline{EA}$ 脚电路

不用外部 ROM 时 $\overline{EA}$ 脚接高电平，要用到外部 ROM 时接低电平。接高电平时，先读内部 ROM 再读外部 ROM；接低电平时，读外部 ROM。

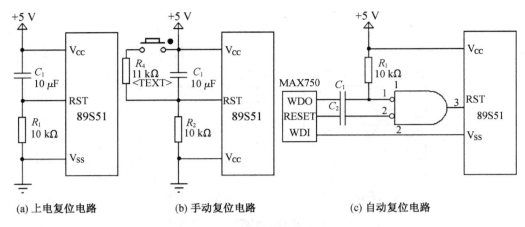

(a) 上电复位电路　　　　　(b) 手动复位电路　　　　　(c) 自动复位电路

图 2-7　单片机复位电路

2.1.4　并行 I/O 端口介绍

AT89S51 单片机有 4 个 8 位并行双向 I/O 口，即 P0 ~ P3 口，共 32 根 I/O 线，在单片机中，主要承担着和单片机外部设备打交道的任务，此外，P0 口和 P2 口在并行扩展时还作为总线口使用。P3 口还有第二功能。

这四个并行端口（P0 ~ P3 口）既有相同部分，也有各自的特点和功能。其中。P1 口、P2 口和 P3 口为准双向口，P0 口则为双向三态输入/输出口。图 2-8 是并行端口的结构图。每个端口皆有 8 位，图中只画出其中一位。由图 2-8 可见，每个 I/O 端口都由一个 8 位数据锁存器和一个 8 位数据缓冲器组成。其中 8 位数据锁存器与端口号 P0 ~ P3 同名，属于 21 个特殊功能寄存器，用于存放需要输出的数据；8 个数据缓冲器用于对端口引脚上输入数据进行缓冲，但不能锁存，因此各引脚上的数据必须保持到 CPU 将其读走。下面分别介绍每个端口的特点和操作。

1. P0 口介绍

P0 口是使用广泛、最繁忙的端口。由图 2-8（a）可见，P0 口由锁存器、输入缓冲器、切换开关 MUX 与相应控制电路、输出驱动电路 T1 和 T2 组成，是双向、三态、数据地址分时使用的总线 I/O 口。若不使用外部存储器时，P0 口可当作一个通用的 I/O 口使用。若要扩展外部存储器，这时 P0 口是地址/数据总线。

（1）当 P0 口作 I/O 口使用时，多路开关向下，接通 Q（控制信号为 0），场效应管 T1 截止。P0 口作输出时，内部总线若为 1，$\overline{Q}$ 为 0，T2 栅极为 0，T2 截止，输出端 P0. x 为 1；内部总线若为 0，$\overline{Q}$ 为 1，T2 栅极为 1，T2 导通，P0. x 端为 0。P0 口作输入时，必须先执行 P0 = 0XFF，将锁存器置 1（Q = 1，$\overline{Q}$ = 0），T2 截止，否则 P0. x 引脚就会被嵌位在低电平。输入信号经由引脚 P0. x 到读引脚三态门再到内部总线。

（2）在访问外部扩展存储器时，多路开关向上（控制信号为 1），与门锁定。若作地址/数据总线使用，地址信号为 1，经非门，T2 栅极为 0，T2 截止，引脚 P0. x 为 1；若地址信号为 0，经非门，T2 栅极为 1，T2 导通，引脚 P0. x 为 0。

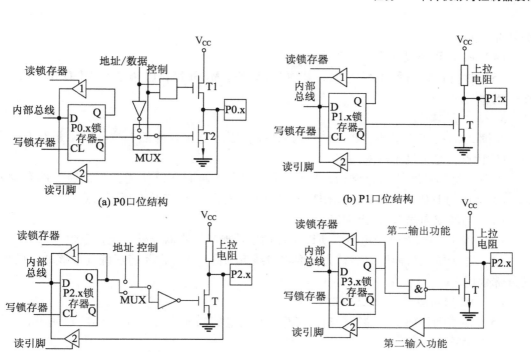

图2-8 并行口结构图

在访问外部存储器时，P0口输出低8位地址后，变为数据总线，读指令码，在此期间，控制信号为0，多路开关向下，接到 $\overline{Q}$ 端，CPU自动将FFH写入P0口锁存器，T2截止，读引脚通过三态门将指令码读到内部总线。

总之，P0口具有以下特点：

（1）为8位漏极开路型双向三态输入/输出端口。

（2）作为通用I/O口时，须外接上拉电阻。

（3）作为输入口使用时，首先需要将口线置为高电平1，才能正确读取该端口所连接的外部数据。

（4）P0口可驱动8个LSTTL，其他端口只可以驱动4个LSTTL。

（5）在访问外部扩展存储器时，P0口身兼两职，既可作为地址总线低8位（AB0～AB7）使用，也可以作为数据总线（DB0～DB7）使用，即它是分时复用的低8位地址总线和数据总线，作为地址/数据总线使用时，不需要外接上拉电阻。

2. P1口介绍

从图2-8（b）可以看出，P1口没有多路开关，P0口的T1管用内部上拉电阻代替。因此，P1口是准双向静态I/O口。和P0口一样，输入时有读锁存器和读引脚之分。在输入时（如果不是置位状态），必须P1=0xFF，将口线置为高电平1，才能正确读入外部数据。

总之，P1口具有以下特点：

（1）为双准输入/输出端口。

（2）内部有上拉电阻，所以实现输出功能时，不需要接上拉电阻。

（3）作为输入口使用时，首先需要将口线置为高电平1，才能正确读取该端口所连接的外部数据。

（4）P1 口可驱动 4 个 LSTTL 负载。

（5）进行在线编程（ISP）时，其中 P1.5 当作 MOSI 用，P1.6 当作 MISO 用，P1.7 当作 SCK 用。

3. P2 口介绍

从图 2-8(c)可以看出，P2 口有多路开关，驱动电路有内部上拉电阻，兼有 P0 口和 P1 口的特点，是个动态准双向口。

若单片机不扩展外部存储器，P2 口可以作为普通 I/O 口使用，若扩展外部存储器，P2 口不能作为 I/O 口使用，只能作高 8 位地址。总之，P2 口具有以下特点：

（1）为准双向输入/输出端口。

（2）P2 口内部有上拉电阻，所以实现输出功能时，不需要外接上拉电阻。

（3）作为输入口使用时，首先需要将口线置为高电平 1，才能正确读取该端口所连接的外部数据。

（4）P2 口可驱动 4 个 LSTTL。

（5）在访问外部扩展储存器时，可作为地址总线高 8 位（AB8 ～ AB15）使用。

4. P3 口介绍

从图 2-8(d)可以看出，P3 口是个双功能静态双向 I/O 口。它除了有作为 I/O 口使用的第一功能外，还具有第二功能。P3 口的第一功能和 P1 口一样。P3 口的第二功能各管脚定义如表 2-2 所示。

表 2-2　P3 口引脚第二功能

引脚	功能	说明	引脚	功能	说明
P3.0	RXD	串行接收	P3.4	T0	定时/计数器 0 计数输入
P3.1	TXD	串行发送	P3.5	T1	定时/计数器 1 计数输入
P3.2	INT0	外部中断口 0 输入	P3.6	WR	写信号输出
P3.3	INT1	外部中断口 1 输入	P3.7	RD	读信号输出

为适应引脚的第二功能的需要，在结构上增加了第二功能控制逻辑，在真正的应用电路中，第二功能显得更为重要。由于第二功能信号有输入/输出两种情况，下面我们分别加以说明。

对于第二功能为输出的引脚，当作 I/O 口使用时，第二功能信号线应保持高电平，与非门开通，以维持从锁存器到输出口数据输出畅通无阻。而当作第二功能口线使用时，该位的锁存器置高电平，使与非门对第二功能信号的输出是畅通的，从而实现第二功能信号的输出。对于第二功能为输入的信号引脚，在口线上的输入通路增设了一个缓冲器，输入的第二功能信号即从这个缓冲器的输出端取得。而作为 I/O 口线输入端时，取自三态缓冲器的输出端。这样，不管是作为输入口使用还是作为第二功能信号输入，输出电路中的锁存器输出和第二功能输出信号线均应置 1。

总之，P3 口具有以下特点：

（1）为准双向输入/输出端口。

（2）作为输入口使用时，首先需要将口线置为高电平 1，才能正确读取该端口所连接的外部数据。

（3）P3 口内部有上拉电阻，所以实现输出功能时，不需要外接上拉电阻。

（4）P3 口可驱动 4 个 LSTTL。

（5）作第二功能使用。

2.2　单片机存储器

2.2.1　AT89S51 单片机存储器

AT89S51 单片机存储器的组织形式与常见的微型计算机的配置方法不同，属哈佛结构，它将程序存储器和数据存储器分开，各有自己的寻址方式、控制信号和功能。所以，在地址空间上允许重叠。例如，程序存储器的地址空间中有 0000H 这个单元，片内数据存储器也有 0000H 这个单元，片外数据存储器中还有 0000H 这个单元。程序存储器用来存放程序、表格及常数，系统程序运行过程中不可以修改其中的数据。数据存储器通常用来存放运行中所需用的常数和变量，系统程序运行过程中可以修改其中的数据。在单片机中，不管是内部 RAM 还是内部 ROM，均以字节（Byte）为单位，每个字节包含 8 位，每一位可容纳一位二进制数 1 或 0。单片机存储器空间配置图如图 2-9 所示。

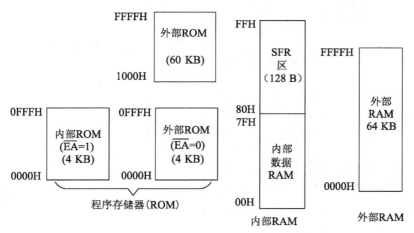

图 2-9　AT89S51 单片机存储器配置图

单片机的存储空间可以从不同角度分类，从物理地址看，它有 4 个存储器空间：片内程序存储器（片内 ROM）、片外程序存储器（片外 ROM）、片内数据存储器（片内 RAM）、片外数据存储器（片外 RAM）。

从逻辑上或从使用的角度看，它有三个存储器地址空间：64 KB 的程序存储器（ROM），包括片内 ROM 和片外 ROM，两者统一编址；256 B（包括特殊功能寄存器 SFR）的片内数据存储器（片内 RAM）；64 K 的片外数据存储器（片外 RAM）。

关于存储器编址的几个注意事项：

（1）存储器由许多存储单元组成，每个存储单元可以存放一个 8 位二进制数，即一个字节，所以存储单元的个数就是字节数。

（2）存储器中存储单元的个数称为存储容量（用 N 表示），各个存储单元的区别在于地址不同，各存储单元的编址与存储器的地址线的条数有关（地址线条数用 n 表示），其间关系是存储地址范围的确定：在确定地址线根数的前提下存储单元的地址范围为最小地址全为 0，最大地址全为 1，即 $\underbrace{000\cdots000B}_{n} \sim \underbrace{111\cdots111B}_{n}$。

2.2.2　程序存储器（ROM）

程序存储器用来存放编制好的始终保留的固定程序和表格常数。由于在单片机工作过程中程序不可随意修改，故程序存储器为只读存储器。程序存储器分为片内 ROM 和片外 ROM 两大部分，两者统一编址。程序存储器以程序计数器 PC 作为地址指针，通过 16 位地址总线，寻址空间为 64 KB，寻址范围为 0000H ~ 0FFFFH，程序存储器的配置如图 2-10 所示。访问指令用 MOVC 指令。用控制信号 $\overline{\text{PSEN}}$ 选通读外部 ROM。

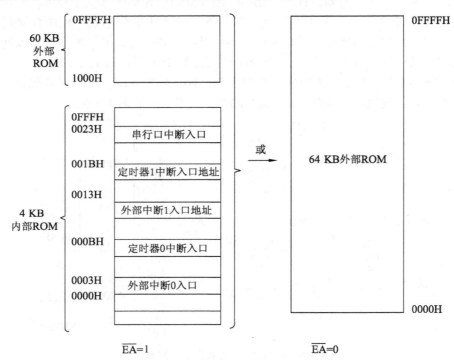

图 2-10　MCS-51 单片机程序存储器配置图

AT89S51 具有 4 KB 的内置 Flash 可在线编程的程序存储器。对于这样的内部已经有 4 KB 程序存储器的芯片，其程序存储器的配置可以有以下两种形式：

（1）当 $\overline{\text{EA}}$ =1 时，程序存储器的 64 KB 空间的组成是：内部 4 KB（地址范围：0000H ~ 0FFFH）＋外部 60 KB（地址范围：1000H ~ FFFFH），即 CPU 访问该空间时，当访问地址在 0000H ~ 0FFFH 范围内时，PC 指向 4 KB 的片内 ROM 区域；当访问的地址大于 0FFFH 时，自动转向外部 ROM 区域。

（2）当 $\overline{EA}$ = 0 时，程序存储器的 64 KB 的空间全部由片外 ROM 承担，片内 ROM 形同虚设。CPU 直接访问片外 ROM，从片外 ROM 空间读取程序。

程序存储器的操作完全由程序计数器 PC 控制，程序计数器 PC（Program Counter）是一个 16 位的计数器，具有自动加 1 的功能，它的作用是控制程序的执行顺序。PC 的内容为将要执行指令的地址，寻址范围达 64 KB。PC 本身没有地址，是不可寻址的。因此用户无法对它进行读写。但可以通过转移、调用、返回等指令改变其内容，以实现程序的转移。

此外，在该程序存储器空间中还有几个特殊单元是系统的专用单元，固定作为单片机中断服务程序的入口地址，用户不可以随意占用。但是由于下面专用入口地址间的存储空间有限，因此在编程时，通常在这些地址入口开始的两三个地址单元中放入一条转移类指令，以使程序转移到指定程序存储区域中执行。这几个固定地址如表 2-3 所示。

表 2-3　AT89S51 单片机的中断入口地址

入口地址	说　明	入口地址	说　明
0003H	外部中断 INT0 的中断入口地址	001BH	定时器中断 T1 的中断入口地址
000BH	定时器中断 T0 的中断入口地址	0023H	串行口中断服务的中断入口地址
0013H	外部中断 INT1 的中断入口地址		

2.2.3　片内数据存储器（片内 RAM）

数据存储器用来存放运算的中间结果、标志位以及数据的暂存和缓冲。AT89S51 单片机的片内数据存储器共有 256 个数据存储单元，即 256 B，地址范围为 00H ~ FFH。按其功能可分为两个区：00H ~ 7FH 单元组成的低 128 B 的内部数据 RAM 区和 80H ~ FFH 单元组成的高 128 B 的特殊功能寄存器区。

1. 片内 RAM 中低 128 B 存储区

片内 RAM 中低 128 B 空间可以分成三个区：工作寄存器区、位寻址区及数据缓冲区，片内数据存储器的位置如图 2-11 所示。

（1）工作寄存器区（00H ~ 1FH）。

寄存器常用于存放操作数及中间结果等，由于它们的功能及使用不做预先规定，因此称之为通用寄存器，也叫工作寄存器。工作寄存器区共包含 32 个单元，地址范围为 00H ~ 1FH。这 32 个单元被平均分成 4 组，每组包含 8 个寄存器。四组工作寄存器的组别号分别为：0 组、1 组、2 组和 3 组。每个寄存器均为 8 位，在同一组内，各个寄存器都以 R0 ~ R7 作为寄存单元编号。

在任一时刻，CPU 只能使用其中的一组寄存器，并且把正在使用的那组寄存器称为当前寄存器组。到底哪一组寄存器是当前寄存器，需要由程序状态字寄存器 PSW 中 RS0 和 RS1 两位的状态组合来决定。其中 RS0 是 PSW 的第三位（PSW.3）的位名称，RS1 是 PSW 的第四位（PSW.4）的位名称，RS0 与 RS1 的状态与工作寄存器及 RAM 地址的对应关系见表 2-4。如果不对工作寄存器进行选择，则系统默认当前工作寄存器为 0 组工作寄存器。

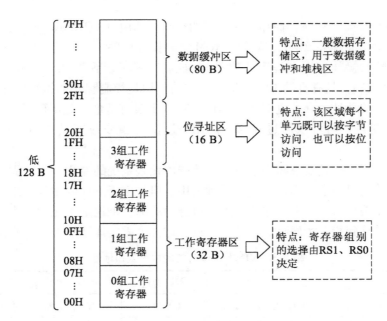

图 2-11　片内数据存储器配置图

表 2-4　工作寄存器区的选择与地址对照表

选择工作寄存器组别的位		工作寄存器组	R0 ~ R7 所占单元地址
RS1（PSW. 4）	RS0（PSW. 3）		
0	0	0 组	00H ~ 07H
0	1	1 组	08H ~ 0FH
1	0	2 组	10H ~ 17H
1	1	3 组	18H ~ 1FH

　　工作寄存器为 CPU 提供了就近数据存储的便利，有利于提高单片机的运行速度。此外，使用工作寄存器还能提高程序编制的灵活性，因此在单片机的应用编程中应充分利用这些寄存器，以简化程序设计，提高程序运行速度。

　　（2）位寻址区。

　　内部 RAM 的 20H ~ 2FH 单元，既可作为一般 RAM 单元使用，进行字节操作，也可以对单元中每一位进行位操作，因此把该区称为位寻址区。位寻址区共有 16 个单元，每个单元 8 位，共计 $16 \times 8 = 128$ 位，位地址为 00H ~ 7FH。表 2-5 所示为位寻址区的位地址分配表。

表 2-5 位寻址区的位地址分配表

字节地址	位地址							
	D7	D6	D5	D4	D3	D2	D1	D0
2FH	7F	7E	7D	7C	7B	7A	79	78
2EH	77	76	75	74	73	72	71	70
2DH	6F	6E	6D	6C	6B	6A	69	68
2CH	67	66	65	64	63	62	61	60
2BH	5F	5E	5D	5C	5B	5A	59	58
2AH	57	56	55	54	53	52	51	50
29H	4F	4E	4D	4C	4B	4A	49	48
28H	47	46	45	44	43	42	41	40
27H	3F	3E	3D	3C	3B	3A	39	38
26H	37	36	35	34	33	32	31	30
25H	2F	2E	2D	2C	2B	2A	29	28
24H	27	26	25	24	23	22	21	20
23H	1F	1E	1D	1C	1B	1A	19	18
22H	17	16	15	14	13	12	11	10
21H	0F	0E	0D	0C	0B	0A	09	08
20H	07	06	05	04	03	02	01	00

在单片机的一般 RAM 单元只有字节地址，操作时只能 8 位整体操作，不能按位单独操作。只有位寻址区的各个单元不但有字节地址，而且字节中的每个位都有位地址，所以 CPU 能直接操作这些位，执行如置 1、清 0、求反、转换、传送和逻辑等操作，我们常称单片机有布尔处理功能，布尔处理的存储空间指的就是这些位寻址区，当然可位寻址单元除了此区间外，AT89S51 在特殊功能寄存器区还离散地分布了 83 位可寻址位。

特别需要注意的是，位地址 00H ~ 7FH 与片内 RAM 字节地址 00H ~ 7FH 编址相同，且均由十六进制表示，但 CPU 不会搞错，因为单片机的指令系统有位操作指令和字节操作指令之分。在位操作指令中的地址是位地址，在字节操作指令中的地址是字节地址。例如，位操作指令 "SETB 20H" 就是让位地址为 20H 的那个位（即字节指令为 24H 的第 0 位）置 1。而字节操作指令 "MOV 20H, #0FFH" 就是让字节地址为 20H 的这个单元的 8 位均置为 1。

（3）数据缓冲区。

片内 RAM 中地址为 30H ~ 7FH 的 80 个单元是数据缓冲区，它们用于存放各种数据、中间结果和作堆栈区使用，该区域没有特别限制。

2. 特殊功能寄存器区（SFR）

内部 RAM 的高 128 个单元是供给专用寄存器使用的，其单元地址为 80H ~ FFH，每个单元 8 位。因对这些寄存器的功能已做专门规定，故称之为专用寄存器或特殊功能寄存器（SFR）。特殊功能寄存器一般用于存放相应功能部件的控制命令、状态和数据。它可以反映单片机的运行状态，系统很多功能也是通过特殊功能寄存器来定义和控制程序执行的。AT89S51 单片机有 21 个特殊功能寄存器，每个特殊功能寄存器占有一个 RAM 单元，它们被离散地分布在片内 RAM 的 80H～FFH 地址中，不为 SFR 占用的 RAM 单元实际上并不存在，访问它们也是没有意义的。表 2-6 是特殊功能寄存器分布的一览表。

表 2-6　特殊功能寄存器一览表和 **SFR** 中的位地址分布情况表（＊表示可以位寻址）

SFR 名称	SFR 符号	SFR 中的位地址（十六进制）								SFR 字节地址
		D7	D6	D5	D4	D3	D2	D1	D0	
＊B 寄存器	B	F7H	F6H	F5H	F4H	F3H	F2H	F1H	F0H	F0H
＊累加器 A	ACC	E7H	E6H	E5H	E4H	E3H	E2H	E1H	E0H	E0H
		ACC.7	ACC.6	ACC.5	ACC.4	ACC.3	ACC.2	ACC.1	ACC.0	
＊程序状态字寄存器	PSW	D7H	D6H	D5H	D4H	D3H	D2H	D1H	D0H	D0H
		CY	AC	F0	RS1	RS0	OV	F1	P	
		PSW.7	PSW.6	PSW.5	PSW.4	PSW.3	PSW.2	PSW.1	PSW.0	
＊中断优先级控制器	IP	—	—	—	BCH	BBH	BAH	B9H	B8H	B8H
		—	—	—	PS	PT1	PX1	PT0	PX0	
＊I/O 端口 3	P3	B7H	B6H	B5H	B4H	B3H	B2H	B1H	B0H	B0H
		P3.7	P3.6	P3.5	P3.4	P3.3	P3.2	P3.1	P3.0	
＊中断允许控制寄存器	IE	AFH	—	—	ACH	ABH	AAH	A9H	A8H	A8H
		EA	—	—	ES	ET1	EX1	ET0	EX0	
＊I/O 端口 2	P2	A7H	A6H	A5H	A4H	A3H	A2H	A1H	A0H	A0H
		P2.7	P2.6	P2.5	P2.4	P2.3	P2.2	P2.1	P2.0	
串行数据缓冲器	SBUF									99H
＊串行控制寄存器	SCON	9FH	9EH	9DH	9CH	9BH	9AH	99H	98H	98H
		SM0	SM1	SM2	REN	TB8	RB8	TI	RI	
＊I/O 端口 1	P1	97H	96H	95H	94H	93H	92H	91H	90H	90H
		P1.7	P1.6	P1.5	P1.4	P1.3	P1.2	P1.1	P1.0	
定时/计数器 1（高字节）	TH1									8DH
定时/计数器 0（高字节）	TH0									8CH
定时/计数器 1（低字节）	TL1									8BH
定时/计数器 0（低字节）	TL0									8AH

续表

SFR 名称	SFR 符号	SFR 中的位地址（十六进制）								SFR 字节地址
		D7	D6	D5	D4	D3	D2	D1	D0	
定时/计数器 方式选择	TMOD	GATE	C/T	M1	M0	GATE	C/T	M1	M0	89H
*定时/计数 寄存器	TOCN	8FH	8EH	8DH	8CH	8BH	8AH	89H	88H	88H
		TF1	TR1	TF0	TR0	IE1	IT1	IE0	IT0	
电源控制及 波特率选择	PCON									87H
数据指针 （高字节）	DPH									83H
数据指针 （低字节）	DPL									82H
堆栈指针	SP									81H
*I/O 端口 0	P0	87H	86H	85H	84H	83H	82H	81H	80H	80H
		P0.7	P0.6	P0.5	P0.4	P0.3	P0.2	P0.1	P0.0	

在 SFR 中，可位寻址的寄存器有 11 个，共有位地址 88 个，其中 5 个未用，其余 83 个位地址离散地分布在 80H ～ FFH 范围内。在表 2-6 中带 * 的特殊功能寄存器是可以位寻址的，它们的字节地址均可被 8 整除。

在 21 个 SFR 中地址的表示方法有两种：一种是使用物理地址，如累加器 A 用 E0H、B 寄存器用 F0H、RS0（PSW.3）用 D3H 等；另一种是采用表 2-6 中的寄存器标号，如累加器 A 要用 ACC、B 寄存器用 B、PSW.3 用 RS0 等。这两种表示方法中，采用后一种方法比较普遍，因为它们便于记忆。下面对其主要的寄存器做一些简单的介绍，其余部分将在后续单元中叙述。

（1）累加器 ACC（E0H）简称为 A。累加器为 8 位寄存器，是最常用的功能寄存器，其功能较多，地位重要。大部分单操作数指令的一个操作数取自累加器，很多双操作数指令中的一个操作数也取自累加器。加、减、乘、除法运算的指令，运算结果都存放于累加器 A 或寄存器 B 中。大部分的数据操作都会通过累加器 A 进行，它像一个数据运输中转站，在数据传送过程中，任何两个不能直接传送数据的单元之间，通过累加器中转，都能送达目的地。

（2）程序状态字 PSW（D0H）：存放运算结果的一些特征。8 位寄存器，地址为 D0H，可位寻址。

每位的含义如下：

D7	D6	D5	D4	D3	D2	D1	D0
CY	AC	F0	RS1	RS0	OV	F1	P
进、借位	辅助进、借位	用户定义	寄存器组选择		溢出	用户定义	奇/偶

① CY：PSW.7，进位标志，简称为 C。

- 最近一次操作结果最高位有进位或借位时，由硬件置位。
- 也可由软件置位或清除。
- 在布尔处理机中作为位累加器使用。

② AC：PSW.6，辅助进位标志。

- 反应两个 8 位数运算，低 4 位有没有半进位，即低 4 位相加（减）有否进（借）位。
- 也可由软件置位或清除。
- 用于 BCD 码调整时的判断位。

③ F0：PSW.5，用户软件标志。供给用户定义的一个状态标志，可用软件置位或清 0，控制程序的流向。

④ RS1 和 RS0：PSW.4 和 PSW.3，工作寄存区选择控制位，可由软件设置，如表 2-4 所示。

⑤ OV：PSW.2，溢出标志。运算结果超出 8 位二进制（带符号）数所能表示的范围（即在 -128 ~ +127 之外）时，硬件将该位置 1，否则清 0。

- 作有符号数加减法运算时：$OV = C_{6y} \oplus C_{7y}$。例如，+84 + 105 为正溢出。
- 两个无符号数相乘超过 255 时 OV 为 1。

⑥ F1：PSW.1 用户软件标志提供给用户定义的一个状态标志，可用软件置位或清 0，控制程序的流向。

⑦ P：PSW.0 奇偶标志。如累加器 A 中 1 的个数是奇数，P 置 1。

（3）数据指针 DPTR：16 位特殊功能寄存器 DPH（83H）、DPL（82H）。

当 CPU 访问外部 RAM 时，DPTR 作间接地址寄存器用，当 CPU 访问外部 ROM 时，DPTR 作基址寄存器用。

（4）端口 P0 ~ P3（80H、90H、A0H、B0H）：I/O 端口的锁存器。系统复位后 P0 ~ P3 口为 FFH，是 4 个 I/O 并行端口映射入 SFR 中的寄存器。通过对该寄存器的读写实现从相应 I/O 口的输入/输出。

2.2.4　片外数据存储器（片外 RAM）

单片机具有扩展外部数据存储器和 I/O 口的能力。扩展出的片外数据存储器主要用于存放数据和运算结果等。一般情况下，只有在片内 RAM 不够用的情况下，才需要外界 RAM。外部数据存储器可最大拓展到 64 KB，寻址范围是 0000H ~ FFFFH。读写片外 RAM 用 MOVX 指令，寻址方式用间接寻址，R0、R1 和 DPTR 都可以作间接寄存器。控制信号采用 P3 口的 RD（读）和 WR（写）。

案例2　单片机彩灯控制器设计

本案例要求采用单片机最小系统，并且在 P2 口接 8 个发光二极管，实现如下功能：

（1）让左边 4 个发光二极管亮，右边 4 个发光二极管不亮。

（2）让 8 个发光二极管间隔亮，即从左边开始让第 1、3、5、7 亮，另外 4 个不亮或反过来。

1. 硬件设计

电路如图 2-12 所示：

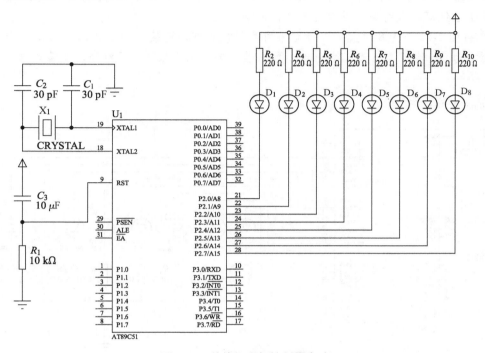

图 2-12　单片机彩灯控制器电路

2. 软件设计

程序如下：

```
#include < reg51. h >
main( )
{
    int a；
    P2 = 0xF0；
    for( a = 0；a < 30000；a ++ )；
    P2 = 0xAA；
    for( a = 0；a < 30000；a ++ )；
}
```

能力拓展

改成其他花样。

1. 如图 2-12 所示，D_1、D_5 为红灯，D_2、D_6 为绿灯，D_3、D_7 为黄灯，D_4、D_8 为蓝灯，要求让红灯、蓝灯亮，其他灯不亮，请编写程序。

2. 将图 2-12 改为 8 只发光二极管采用共阴极的方法连接，如图 2-13 所示，灯的顺序从左至右为黄、红、绿、蓝、黄、红、绿、蓝，要求完成绿灯、蓝灯亮，请编写程序。

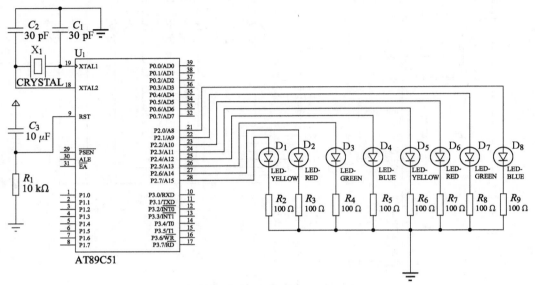

图 2-13　连接电路

任务 3　简易加法运算控制器设计

简易加法运算控制器设计

教学规划

知识重点：（1）C51 的数据类型。

（2）变量的存储种类、存储器类型。

（3）C51 运算符和表达式。

知识难点：变量的存储类型、存储器类型、运算符和表达式。

教学方式：从任务入手，通过完成单片机加法运算控制器设计，学生掌握 C51 变量、运算符和表达式的相关知识。

3.1　C51 的基础知识

C51 语言是针对 MC5-51 系列及其扩展系列单片机的语言，支持符合 ANSI 标准的 C 语言程序设计，同时针对 MC5-51 系列单片机的一些特点进行了扩展。

3.1.1　C51 的标识符和关键字

1. C51 的标识符

标识符是用来标识源程序中某个对象的名字，这些对象包括常量、变量、数据类型、语句标号以及用户自定义函数的名称等。合法的标识符由字母、数字和下划线组成，并且第一个字符必须是字母或下划线标识符区分大小写，因此 a 和 A 代表不同的标识符。例如，以下都是合法的标识符：

　　Summary，status，price3，_time，f_value，F_vAlue

而以下都是不合法的标识符：

　　5times，447#，day * month

2. 关键字

关键字是编程语言保留的特殊标识符，具有固定名称和特定含义。在编写程序时，不允许标识符和关键字相同。

（1）ANSI 标准 C 语言的 32 个关键字见表 3-1。

表 3-1　ANSI C 的关键字

auto	break	case	char	const	continue	default	do
double	else	enum	extern	float	for	goto	if
int	long	register	return	short	signed	sizeof	static
struct	switch	typedef	unsigned	union	void	volatile	while

（2）C51 语言扩展的关键字见表 3-2。

表 3-2　ANSI C 的扩展关键字

_ at_	alien	bdata	bit	code	compat	data	idata
intertupt	large	pdata	_ priority	reentrant	sbit	sfr	sfr16
small	_ task_	using	xdata				

3.1.2　C51 的数据类型

数据是单片机程序处理的主要对象。所谓数据就是格式化了的数字，而数据类型就是数据的不同格式。在 C 语言中，数据类型的分类如下：

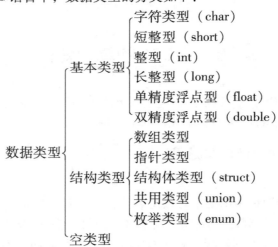

C51 的基本数据类型还可进一步分为无符号型（unsigned）和有符号型（signed），此外，还包括专门用于 MCS-51 硬件和 C51 编译器的 bit、sbit、sfr、sfrl6 等数据类型。各种数据类型的长度和值域如表 3-3 所示。

表 3-3　各种数据类型的长度和值域范围

数据类型	长度（bit）	长度（Byte）	值域范围
bit	1	–	0，1
sbit	1	–	0，1
sfr	8	1	0～255
sfr16	16	2	0～65535

续表

数据类型	长度（bit）	长度（Byte）	值域范围
unsigned char	8	1	0 ~ 255
signed char	8	1	−128 ~ 127
unsigned short	16	2	0 ~ 65535
signed short	16	2	−32768 ~ 32767
unsigned int	16	2	0 ~ 65535
signed int	16	2	−32768 ~ 32767
unsigned long	32	4	0 ~ 4294976295
signed long	32	4	−2147483648 ~ 2147483647
float	32	4	±1.76W−38 ~ ±3.40E+38（6位数字）
double	64	8	±1.76W−38 ~ ±3.40E+38（10位数字）
一般指针	24	3	储存空间 0 ~ 65535

1. 字符型（char）

（1）字符型常量：字符常量是用单引号括起来的一个字符，如′a′、′$′、′1′、′A′等都是字符常量。注意，字符型常量区分大小写，因此′a′和′A′是不同的字符常量。不可以显示的控制字符，可以在该字符前面加一个"＼"组成转义字符，也就是把"＼"后面的字符转变成另外的意义。常用的转义字符如表3-4所示。

表3-4　转义字符

字符	ASCII 码	含义	字符	ASCII 码	含义	字符	ASCII 码	含义
＼o	0	空操作	＼r	13	回车	＼′	39	单引号
＼f	12	换页	＼n	10	换行	＼″	34	双引号
＼t	9	横向跳格	＼a	7	报警	＼ddd		八进制
＼b	8	退格	＼＼	92	反斜杠	＼xhh		十六进制

（2）字符型变量：字符型变量的长度为一个字节（即8位），而MCS-51单片机每次可以处理8位数据，因此字符型变量非常适合于MCS-51单片机。

字符型变量分为无符号和有符号两种。如果没有显式地指明是无符号还是有符号，则默认为有符号字符型变量。

对字符型变量赋值有两种方法：既可以用单引号括起来的一个字符赋给字符型变量，也可以将一个在其取值范围内的正整数（ASCII码）赋给字符型变量，例如：

unsigned char ch1,ch2；

ch1 = ′A′；

ch2 = 0x41；

对于有符号的变量，最具有重要意义的是其最高位（8位中最左侧的一位）。在此位上，1代表"负"，0代表"正"，剩余的低7位代表变量的绝对值，因此有符号字符型变量所能表示的数值范围是从−128 ~ +127，而无符号的变量的最高位不作为符号位，这与

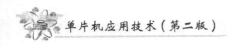

人们的习惯比较一致，不易出错。

（3）字符串常量：字符串常量是用一对双引号括起来的字符序列。例如，下面都是字符串常量：

"China"、"Hello,Keil C!"、"a"、"12345"

可以用如下的方法输出一个字符串：

printf("Hello,Keil C!");

提示：不要把字符常量与字符串常量混淆，如'A'是字符常量，而"A"是字符串常量。不能把一个字符串常量赋给一个字符变量。例如，下面的赋值就是错误的：

char ch1 = "A";

2. 整型（int）

（1）整型常量：整型常量按进制分有以下三种表示形式。

十进制整数：如 134、5、－5、0 等。

八进制整数：以 O 开头的数。例如，O34 表示八进制数 34，等于十进制数 28。

十六进制数：以 0x 或 0X 开头的数。例如，0x3a 代表十六进制数 3a，等于十进制数 58；－0x56 代表十六进制数－56，等于十进制数－86。

（2）整型变量：整型变量可以分为以下三种，而每种又分为无符号型与有符号型。

基本型：以 int 表示，长度为 2 个字节。

短整型：以 short 表示，长度为 2 个字节。

长整型：以 long 表示，长度为 4 个字节。

无符号型用 unsigned 表示，与上述三种类型匹配而构成无符号整型（unsigned int）、无符号短整型（unsigned short）和无符号长整型（unsigned long）。各种无符号整型变量的长度和相应的有符号整型变量相同，但由于全部的位都用来存放数本身而不包括符号位，因此只能存放不带符号的正数。

注意：int、short int、long int 的默认类型为有符号型。

同类型的整型变量之间和不同类型的整型变量之间都可以进行算术运算，同样，整型变量和字符型变量之间也可以进行算术运算。

3. 浮点型（float）

由于浮点型数据可以直接表示小数，因此许多复杂的数学表达式都采用浮点型。浮点型数据也分为浮点型常量和浮点型变量。

（1）浮点型常量。

如 ＋96.3、65.36、－2.3、.654、－3.3E9、0.3E－7 等都是浮点型常量。浮点型常量只有十进制这一种进制，并且都被默认为下面将要介绍的 double 型。对于绝对值小于 1 的浮点数可省略小数点前面的零，如 .654 就是 0.654 的缩略形式。形如 －3.3E9 的浮点数则是由尾数和阶两部分构成的，－3.3E9 就等于 －3.3 乘以 10 的 9 次方。

（2）浮点型变量。

浮点型变量分为单精度型（float）和双精度型（double），长度都是 4 个字节，可以用下列语句说明浮点型变量：

float a;

double b;

4. 指针型

指针型是一种特殊的数据类型，其本身就是一个变量，但在其中存放的是另一个数据的地址。在 C51 中，指针的长度一般是 3 个字节。根据所指向的变量类型的不同，指针变量也有不同的类型，而指针变量的类型也就表示了该指针指向的地址中的数据的类型。指针类型的表示方法是在指针符号"∗"前面冠以数据类型符号，例如：

```
char * pa;              //定义 pa 为字符型指针
unsigned int * pb;      //定义 pb 为无符号整型指针
float * pf;             //定义 pf 为浮点型指针
```

5. 位类型（bit）

位类型的长度是 1 位（bit），位类型变量和前面介绍的字符型变量可以直接被 MCS-51 单片机处理。位类型变量的值可以取 0（false）或 1（true）。

对位类型变量进行定义的语法如下：

```
bit flag1;
bit send_en = 1;
```

与 MCS-51 单片机硬件特性操作有关的位变量必须定位在 MCS-51 单片机片内 RAM 的可位寻址空间中，也就是字节地址为 20H～2FH 的 16 个字节单元，每一字节的每一位都可以单独寻址。位地址为 00H～7FH，共 128 位，分别对应于 20H 的 D0 位至 2FH 的 D7 位，如表 3-5 所示（此区间称为 BDATA）。在可位寻址的同时，此区间仍可进行字节单元寻址。

提示：不能定义一个位类型指针，如不能定义 bit ∗ flagl；也不能定义一个位类型数组，如不能定义 bit flags［3］。

表 3-5 位寻址区位地址分布表

字节地址	D7	D6	D5	D4	D3	D2	D1	D0
2FH	7F	7E	7D	7C	7B	7A	79	78
2EH	77	76	75	74	73	72	71	70
2DH	6F	6E	6D	6C	6B	6A	69	68
2CH	67	66	65	64	63	62	61	60
2BH	5F	5E	5D	5C	5B	5A	59	58
2AH	57	56	55	54	53	52	51	50
29H	4F	4E	4D	4C	4B	4A	49	48
28H	47	46	45	44	43	42	41	40
27H	3F	3E	3D	3C	3B	3A	39	38
26H	37	36	35	34	33	32	31	30
25H	2F	2E	2D	2C	2B	2A	29	28
24H	27	26	25	24	23	22	21	20
23H	1F	1E	1D	1C	1B	1A	19	18
22H	17	16	15	14	13	12	11	10
21H	0F	0E	0D	0C	0B	0A	09	08
20H	07	06	05	04	03	02	01	00

另外，某些特殊功能寄存器的位也可进行位寻址。

6. 特殊功能寄存器（sfr）类型

单片机内的各种控制寄存器、状态寄存器以及 I/O 端口锁存器、定时器、串行端口数据缓冲器是内部数据存储器的一部分，离散地分布在 80H ~ FFH 的地址空间范围内。这些寄存器统称为特殊功能寄存器（Special Function Registers，SFR），如串口寄存器 SCON、中断允许寄存器 IE 等，如表 3-6 所示。

表 3-6　SFR 区域寄存器表

SFR 助记符		SFR 名称	字节地址	说　明	
B		B 寄存器	F0H	可位寻址（F7H ~ F0H）	
ACC		累加器 A	E0H	可位寻址（E7H ~ E0H）	
PSW		程序状态字	D0H	可位寻址（D7H ~ D0H）	
* TH2		定时器/计数器 2 高位字节	CDH	仅 52 子集有	仅字节寻址
* TL2		定时器/计数器 2 低位字节	CCH		
* RCAP2H		定时器/计数器 2 捕捉寄存器高位字	CBH		
* RCAP2L		定时器/计数器 2 捕捉寄存器低位字	CAH		
* T2CON		定时器/计数器 2 控制	C8H		可位寻址（CFH ~ C8H）
IP		中断优先级控制	B8H	可位寻址（BFH ~ B8H）	
P3		P3 口锁存器	B0H	可位寻址（B7H ~ B0H）	
IE		中断允许控制	A8H	可位寻址（AFH ~ A8H）	
P2		P2 口锁存器	A0H	可位寻址（A7H ~ A0H）	
SBUF		串行数据缓冲器	99H	仅字节寻址	
SCON		串行控制	98H	可位寻址（9FH ~ 98H）	
P1		P1 口锁存器	90H	可位寻址（97H ~ 90H）	
TH1		定时器/计数器 1 高位字节	8DH	仅字节寻址	
TH0		定时器/计数器 0 高位字节	8CH		
TL1		定时器/计数器 1 低位字节	8BH		
TL0		定时器/计数器 0 低位字节	8AH		
TMOD		定时器/计数器方式控制	89H		
TCON		定时器/计数器控制	88H	可位寻址（8FH ~ 88H）	
PCON		电源控制	87H	仅字节寻址	
DPTR	DPH	数据指针高位字节	83H	间接寻址，16 位立即寻址	仅字节寻址
	DPL	数据指针低位字节	82H		
SP		堆栈指针	81H	仅字节寻址	
P0		P0 口锁存器	80H	可位寻址（87H ~ 80H）	

C51 编译器扩充了关键字 sfr 和 sfr16，利用这两种类型可以在源程序中直接对 MCS-51 单片机的特殊功能寄存器进行定义，sfr 类型的长度为一个字节，其定义方式如下：

sfr 特殊功能寄存器名 = 地址常量；

说明"地址常量"就是所定义的特殊功能寄存器的地址，例如：

sfr P1 = 0x90；

sfr SCON = 0x98；

在 MCS-51 单片机中，地址为 0x90 的 SFR 是 P1 端口的寄存器，因此，P1 就表示 P1 端口，在随后的程序中对 P1 进行处理就是对 P1 端口进行处理。同理，地址为 0x98 的 SFR 是串口控制寄存器，在随后的程序中对 SCON 进行处理就是对串口控制寄存器进行处理。

提示：在关键字 sfr 后面必须是一个标识符，标识符可以任意选取（如上例的 sfr P1 = 0x90，也可定义为 sfr PP1 = 0x90），但应符合一般的习惯。等号后面必须是常数，不允许有带运算符的表达式，而且该常数必须在特殊功能寄存器的地址范围之内（80H ~ 0FFH），不过在头文件 reg51. h 中对所有的特殊功能寄存器都进行了定义，因此我们在编写程序时不必自己定义，包含 reg51. h 文件后可直接使用特殊功能寄存器名即可。

Reg51. h 的内容：

```
/* ------------------------------------------------
REG51. H


Header file for generic 80C51 and 80C31 microcontroller.
Copyright (c) 1988 – 2001 Keil Elektronik GmbH and Keil Software, Inc.
All rights reserved.

------------------------------------------------*/


/*    BYTE Register    */
sfr P0        = 0x80;
sfr P1        = 0x90;
sfr P2        = 0xA0;
sfr P3        = 0xB0;
sfr PSW       = 0xD0;
sfr ACC       = 0xE0;
sfr B         = 0xF0;
sfr SP        = 0x81;
sfr DPL       = 0x82;
sfr DPH       = 0x83;
sfr PCON      = 0x87;
sfr TCON      = 0x88;
sfr TMOD      = 0x89;
sfr TL0       = 0x8A;
sfr TL1       = 0x8B;
```

```
sfr TH0      = 0x8C;
sfr TH1      = 0x8D;
sfr IE       = 0xA8;
sfr IP       = 0xB8;
sfr SCON     = 0x98;
sfr SBUF     = 0x99;


/*    BIT Register    */
/*    PSW      */
sbit CY      = 0xD7;
sbit AC      = 0xD6;
sbit F0      = 0xD5;
sbit RS1     = 0xD4;
sbit RS0     = 0xD3;
sbit OV      = 0xD2;
sbit P       = 0xD0;


/*    TCON     */
sbit TF1     = 0x8F;
sbit TR1     = 0x8E;
sbit TF0     = 0x8D;
sbit TR0     = 0x8C;
sbit IE1     = 0x8B;
sbit IT1     = 0x8A;
sbit IE0     = 0x89;
sbit IT0     = 0x88;


/*    IE     */
sbit EA      = 0xAF;
sbit ES      = 0xAC;
sbit ET1     = 0xAB;
sbit EX1     = 0xAA;
sbit ET0     = 0xA9;
sbit EX0     = 0xA8;


/*    IP     */
sbit PS      = 0xBC;
sbit PT1     = 0xBB;
```

```
sbit PX1       =0xBA;
sbit PT0       =0xB9;
sbit PX0       =0xB8;

/*    P3    */
sbit RD        =0xB7;
sbit WR        =0xB6;
sbit T1        =0xB5;
sbit T0        =0xB4;
sbit INT1      =0xB3;
sbit INT0      =0xB2;
sbit TXD       =0xB1;
sbit RXD       =0xB0;

/*    SCON   */
sbit SM0       =0x9F;
sbit SM1       =0x9E;
sbit SM2       =0x9D;
sbit REN       =0x9C;
sbit TB8       =0x9B;
sbit RB8       =0x9A;
sbit TI        =0x99;
sbit RI        =0x98;
```

7. 16 位特殊功能寄存器（sfr16）

在新一代的 MCS-51 单片机中，特殊功能寄存器在功能上经常组合成 16 位来使用。为了有效地访问这种 16 位的特殊功能寄存器，可采用关键字 sfr16。sfr16 类型的长度为两个字节，其定义语法与 8 位 sfr 相同，但 16 位 sfr 的低端地址必须作为 sfr16 的定义地址。例如，对 8052 单片机的定时器 T2，可采用如下的方法来定义：

　　　sfr16 T2 =0CCH;∥定义 TIMER2,其地址为 T2L =0CCH、T2H =0CDH

这里 T2 为特殊功能寄存器，等号后面是其低字节地址，其高字节地址必须在物理上直接位于低字节之后。

提示： 上述定义方法适用于所有新一代的 MCS-51 单片机中新增加的特殊功能寄存器，但不能用于定时器/计数器 TIMER0 和 TIMER1 的定义。

8. 可寻址位（sbit）

在 MCS-51 单片机的实际应用中经常需要访问特殊功能寄存器中的某些位，C51 编译器为此提供了一种扩充关键字 sbit，利用 sbit 可以访问可位寻址对象，使用方法有如下三种。

（1）sbit 位变量名 = 位地址。

这种方法将位的绝对地址赋给位变量，此时位地址必须位于 80H ～ 0FFH 之间。例如：

　　　sbit P0_0 =0x80;∥定义 P0_0 位绝对地址 0x80

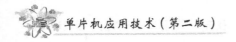

（2）sbit 位变量名 = 特殊功能寄存器名^位位置。

当可寻址位位于特殊功能寄存器中时可采用这种方法，"位位置"是一个 0 ～ 7 之间的常数。例如：

  sfr P0 = 0x80；

  sbit P0_7 = P0^7；//定义 P0_7 为 P0 的 D7 位

（3）sbit 位变量名 = 字节地址^位位置。

这种方法以一个常数（字节地址）作为基础，该常数必须在 80H ～ 0FH 之间。"位位置"是一个 0 ～ 7 之间的常数。例如：

  sbit P0_1 = 0x80^1；//定义 P0_1 为字节地址为 0x80 的 sfr 的 D1 位

提示：（1）sbit 是一个独立的关键字，不要与关键字 bit 相混淆。

（2）定义 P0.7 时应该使用 sbit P0_7 = P0^7 语句，但许多初学者容易写成 sbit P0_7 = P0.7。

（3）sbit 类型变量必须在函数外部定义。

3.1.3　C51 的运算量

1. 常量

在程序运行过程中，其值保持不变的量称为常量。常量可以区分为不同的类型，如 –9、0、5 为整型常量，2.3、–3.6 为浮点型变量，'1'、'＞'、's'为字符常量，"ABCD"为字符串常量。程序中一般用大写的标识符代表一个常量，例如下面的语句用 PI 代表一个常量 3.14：

  #define PI 3.14

注意：符号常量的值在其作用域内不能改变，也不能再次赋值。

2. 变量

在程序运行过程中，其值可以改变的量称为变量。一个变量主要由变量名和变量值两部分组成。每一变量都有一个变量名，在存储器中占据一定的存储单元，在该存储单元中存放变量值。

在 C 语言及前面的介绍中，定义变量都是采用如下格式：

  数据类型　变量名表；

但实际上，完整的变量定义格式如下：

  ［存储种类］　数据类型［存储器类型］　变量名表；

在定义格式中除了数据类型和变量名表是必要的，存储种类和存储器类型都是可选项。本节将对存储种类和存储器类型分别进行介绍。

（1）变量存储种类。

存储种类有自动（auto）、外部（extern）、静态（static）和寄存器（register）四种，默认类型为自动（auto）。

① 自动变量：函数体内部或者复合语句中定义的变量，如果省略存储种类说明或者在变量名前面加上存储种类说明符"auto"，则该变量定义为自动变量。通常采用默认形式，即省略存储种类说明。例如：

  char ch1 = 'a'；

等价于：

　　　　auto char ch1 = 'a'；

　　自动变量的作用域在定义它的函数体或复合语句内部。在进入函数体或复合语句时，编译程序为自动变量分配堆栈空间；退出函数或复合语句时，堆栈空间就立即消失，从而这些自动型变量也就不复存在，不能被其他函数引用。因此，自动变量始终是相对于函数或复合语句的局部变量。

　　（2）外部变量：在所有函数外部定义的变量或者使用存储种类说明符"extern"定义的变量称为外部变量，一个外部变量被定义后，就被分配了固定的内存空间，并且可以被一个程序中的所有函数使用，因此外部变量属于全局变量，其作用域是整个程序，在程序的任何地方均可以对这种变量进行访问，如果外部变量与自动变量有同名变量，则只有自动变量起作用。

　　C51语言允许将大型程序分解为若干个独立的程序模块文件，各个模块可以分别进行编译然后再链接在一起。在这种情况下，如果某个变量需要在其他程序模块文件中使用，只要在一个程序模块文件中将该变量定义为全局变量，而在其他程序模块文件中使用"extern"说明该变量是已被定义过的外部变量就可以了，在整个程序（可能有多个文件）中都具有相同名字的外部变量只能在一处进行定义和初始化。

　　（3）静态变量：静态变量的定义方法是在类型之前加关键字static。静态变量分为内部静态变量（又称局部静态变量）和外部静态变量（又称全局静态变量）。

　　内部静态变量是在函数内部定义的，与自动变量相比，其作用域同样限于定义内部静态变量的函数内部，但内部静态变量始终都是存在的，其初值只是在进入时赋值一次，退出函数之后变量的值仍然保存但不能访问。

　　外部静态变量是在函数外部被定义的。与外部变量相比，其作用域同样是从定义点开始，一直到程序结束；但外部静态变量只能在被定义的模块文件中访问，其数据值可以为该文件内所有的函数所共享。退出该文件后，虽然变量的值仍然保存着，但不能被其他模块文件访问。

【**实例3-1**】　通过下面的程序学习内部静态变量的用法，以及与自动变量的区别。

```
#include < reg51. h >
#include < stdio. h >
void main( )
{
    char i；
    SCON = 0x52；
    TMOD = 0x20；
    TH1 = 0xE8；
    TR1 = 1；
    for( i = 1；i < = 3；i + + )
    {
        static int s_int = 1；
        int a_int = 1；
            printf("\n")；
```

```
        printf("s_int = % d ",s_int);
            printf("a_int = % d",a_int);
        s_int = s_int + 1;
        a_int = a_int + 1;
    }
    while(1){}
}
```

在一个复合语句中分别定义一个内部静态变量和自动变量，先后进入此复合语句 3 次，结果显示由于退出复合语句时内部静态变量仍然存在并保存其值，自动变量则不复存在，因此内部静态变量实现了累加，而自动变量不会。其程序运行结果如图 3-1 所示。

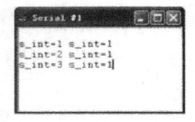

图 3-1　程序运行结果

（4）寄存器变量：定义一个变量时在变量名前加上存储种类符号"register"，即可将该变量定义为寄存器变量，例如：

register int i;

register unsigned char ch1;

使用寄存器变量的目的在于将一些使用频率最高的变量，定义为能够直接使用硬件寄存器。寄存器变量可以认为是自动变量的一种，其作用域与自动变量相同。将变量定义为寄存器变量只是给编译器一个建议，该变量能否真正成为寄存器变量还由编译器根据实际情况决定；另一方面，编译器可以自行识别使用频率最高的变量，在可能的情况下，即使程序中并未将变量定义为寄存器变量，编译器也会自动将其作为寄存器变量处理。

2. 变量存储器类型定义

MCS-51 系列单片机在物理上有 4 个存储空间：片内程序存储空间、片外程序存储空间、片内数据存储空间、片外数据存储空间，每个存储空间包括从 0 到最大存储范围的连续的字节地址空间，程序中定义的任何数据类型必须以一定的存储类型的方式定位在 MCS-51 的某一存储区内。

编译器通过将数据（包括常量和变量）定义成 data、bdata、idata、pdata、xdata、code 等不同的存储类型，可以将每个变量明确地定位到不同的存储区中。对内部数据存储器的访问比对外部数据存储器的访问快许多，因此应将频繁使用的变量放在内部数据存储器中，将较少使用的变量放在外部数据存储器中。存储器类型与 MCS-51 单片机实际存储空间的对应关系如表 3-7 所示。

表 3-7　存储器类型与实际存储空间的对应关系

存储器类型	长度（bit）	值域范围	与物理存储空间的对应关系
data	8	0 ~ 127	直接寻址片内数据存储区的低 128 字节，访问速度快
bdata	8	0 ~ 127	可位寻址片内 RAM 0x20 ~ 0x2F 空间（16 字节），允许位与字节混合访问

存储器类型	长度（bit）	值域范围	与物理存储空间的对应关系
idata	8	0 ~ 255	间接寻址片内数据存储区（256 字节），可访问片内全部 RAM 地址空间
pdata	8	0 ~ 255	片外数据存储区的开头 256 字节，通过 P0 端的地址对其访问
xdata	16	0 ~ 65535	片外数据存储区（64 KB），通过 DPTR 访问
code	16	0 ~ 65535	程序存储区全部空间（64 KB），通过 DPTR 访问

（1）DATA 区：DATA 区声明中的存储类型标识符为 data，通常是指低 128 字节的内部存储区存储的变量，可直接寻址。DATA 区是存放临时性传递变量或使用频率较高的变量的理想场所。声明举例如下：

　　　　unsigned int data sum；

　　　　extern char data ch1；

（2）BDATA 区：BDATA 区声明中的存储类型标识符为 bdata，指内部可位寻址的 16 字节存储区。BDATA 区其实就是 DATA 区中的位寻址区，在这个区声明的变量就可以进行位寻址。在 BDATA 区声明和使用位变量的例子如下：

　　　　unsigned int bdata status；

　　　　sbit status_1 = status^1；

注意：不允许在 BDATA 区声明 float 和 double 型的变量。

（3）IDATA 区：MCS-51 系列的一些单片机（如 8052）有附加的 128 字节的内部 RAM，位于从 80H 开始的 128 字节地址空间，被称为 IDATA 区。因为 IDATA 区的地址和 SFR 的地址重叠，所以通过寻址方式来区分二者，IDATA 区只能通过间接寻址来访问。IDATA 区也可存放使用比较频繁的变量，使用寄存器作为指针进行寻址。IDATA 区声明中的存储类型标识符为 idata。声明举例如下：

　　　　unsigned char idata sum；

　　　　int idata i；

　　　　float idata f_value；

（4）PDATA 区和 XDATA 区：PDATA 区和 XDATA 区属于片外数据存储空间。片外数据存储空间是可以读写的存储区，最多可以有 64 KB。PDATA 区和 XDATA 区声明中的存储器类型标识符分别为 pdata 和 xdata，xdata 存储器类型标识符可以指定片外数据区 64 KB 空间内的任何地址，而 pdata 存储器类型标识符仅能指定 256 字节的片外数据区。声明举例如下：

　　　　unsigned char xdata sum；

　　　　int pdata i；

　　　　float pdata f_value；

（5）CODE 区：CODE 区也称代码段，是只读的，用来存放可执行代码，16 位寻址空间可达 64 KB。除了可执行代码，还可在 CODE 区中存放其他非易失信息，例如查询表。CODE 区中对象要在编译的时候进行初始化，否则就会产生错误。CODE 区声明中的存储器类型标识符为 code。下面的代码把一个数组存放在 CODE 区中。

       unsigned char code chr[5] = {1,2,3,4,5};

3. 存储模式

存储模式决定了默认的存储器类型，此存储器类型将应用于函数参数、局部变量和定义时没有显式地包含存储器类型的变量。在命令行中使用 SMALL、COMPACT、LARGE 控制命令指定存储器类型。定义变量时，使用存储器类型显式定义将屏蔽由存储模式决定的默认存储器类型。

（1）小（SMALL）模式：在该模式下所有变量都默认位于片内数据存储器，这和使用 data 指定存储器类型的作用一样。此模式对变量访问的效率很高，但所有的数据对象和堆栈的总大小不能超过内部 RAM 的大小。遇到函数嵌套调用和函数递归调用时，必须小心，该模式适用于较小的程序。

（2）紧凑（COMPACT）模式：在该模式下所有变量都默认位于片外数据存储器的一页（256 字节）内，但堆栈位于片内数据存储区中。这和使用 pdata 指定存储器类型的作用一样，该存储模式适用于变量不超过 256 字节的情况。地址的高字节往往通过端口 P2 输出，其值必须在启动代码中设置。这种模式不如 SMALL 模式高效，对变量访问的速度要慢一些。

（3）大（LARGE）模式：在该模式下所有变量都默认位于片外数据存储器内，这和使用 xdata 指定存储器类型的作用一样。使用数据指针 DPTR 进行寻址，通过 DPTR 访问片外数据存储器的效率较低，特别是当变量为两个字节或更多字节时，该模式的数据访问要比前两种模式产生更多代码。

存储模式决定了变量的默认存储类型、参数传递区和无明确存储类型的说明。例如，char c 在 SMALL 存储模式下，c 被定位在 data 存储区；在 COMPACT 模式下，c 被定位在 pdata 存储区；在 LARGE 模式下，c 被定位在 xdata 存储区中。

3.1.4　C51 运算符和表达式介绍

C 语言把除了控制语句和输入/输出以外的几乎所有基本操作都作为运算符处理。按其在表达式中所起的作用，可分为算术运算符、赋值运算符、增量与减量运算符、关系运算符、逻辑运算符、位运算符、条件运算符、逗号运算符、指针和地址运算符、强制类型转换运算符、求字节长度运算符、分量运算符和下标运算符等。

表达式是由运算符和运算对象所组成的具有特定含义的式子。

1. 算术运算符和算术表达式

C51 中最基本的算术运算符有如下 5 个：

    +：加法运算符或取正值运算符；

    −：减法运算符或取负值运算符；

    *：乘法运算符；

    /：除法运算符；

    %：模（取余）运算符。

上面的运算符中，加法、减法和乘法运算符合一般的算术运算规则，需要注意的是除法和取余运算符。对于除法运算，如果是两个整数相除，其结果仍为整数，舍去小数部分；如果是两个浮点数相除，其结果仍是浮点数。取余运算要求两个运算对象均为整型数据。另外，由于字符型数据会自动转换成整型数据，因此字符型数据也可以参加算术运算。

用算术运算符将运算对象连接起来组成的式子就是算术表达式，其一般形式为

　　　表达式 1　　算术运算符　　表达式 2

2. 赋值运算符和赋值表达式

前面内容中多次用到的赋值符号"="，即赋值运算符，其功能是将数据赋给变量。用赋值运算符将一个变量与一个表达式连接起来的式子为赋值表达式。其一般形式为

　　　变量 = 表达式

上式中的"表达式"既可以是一个常量、变量、算术表达式，也可以是一个赋值表达式；也就是说，允许进行多重赋值，例如：

　　　a = b = 8;　　　　　　　//将常量 8 赋值给 a 和 b

如果赋值号两侧的类型不一致，系统会自动将右侧表达式求得的数据按赋值号左边的变量类型进行转换，但这种转换仅限于数值型数据之间（如地址值就不能赋给一般变量）。

当字符型数据赋给整型变量时：如果字符型数据为无符号数据，将字符数据放到整型数据的低 8 位，高 8 位均补 0；如果字符型数据为有符号数据，将字符数据放到整型数据的低 8 位，高 8 位均补字符数据的符号位。将整型数据赋给长整型数据时，与此相似。

3. 增量、减量运算符与增量、减量表达式

增量运算符"++"的作用是使变量的值加 1，减量运算符"－－"的作用是使变量的值减 1。增量、减量表达式随着运算符的位置不同有不同的形式和含义，如表 3-8 所示。

表 3-8　增量、减量表达式的不同形式与含义

表达式	含　　义	表达式	含　　义
变量 ++	在使用变量的值之后，使变量的值加 1	变量 － －	在使用变量的值之后，使变量的值减 1
++ 变量	在使用变量的值之前，使变量的值加 1	－ － 变量	在使用变量的值之前，使变量的值减 1

注意：增量、减量运算符只能用于变量，而不能用于常量或表达式，例如，5 ++ 或 －－(a + b) 都是不合法的。

4. 关系运算符与关系表达式

关系运算实际上就是"比较运算"，将两个表达式进行比较以判断是否和给定的条件相符。

关系运算符包括："<"（小于）、"<="（小于等于）、">"（大于）、">="（大于等于）、"=="（等于）、"!="（不等于）。这些运算符都是双目运算符，关系表达式的一般形式为

　　　表达式 1　　关系运算符　　表达式 2

关系表达式的结果只有两种：1（true）或 0（false）。如果表达式 1 与表达式 2 的关系符合关系运算符所给定的关系，则关系表达式的结果为 1，否则为 0。

5. 逻辑运算符与逻辑表达式

逻辑运算符是指用形式逻辑原则来建立数据间关系的符号。

　　　&&：逻辑与；

　　　||：逻辑或；

!：逻辑非。

用逻辑运算符将两个表达式连接起来就构成了逻辑表达式。"&&"与"‖"为双目运算符，其逻辑表达式的一般形式为

　　表达式 1　　逻辑运算符　　表达式 2

"!"为单目运算符，其逻辑表达式的一般形式为

　　!表达式

与关系表达式相同，逻辑表达式的值也只能是 1（真）和 0（假）两种情况。需要注意的是，编译系统在给出逻辑运算结果时，以数值 1 代表"真"，以 0 代表"假"；但判断一个量是否为真时，以 0 代表"假"，以非零代表"真"，即凡是不为 0 的量均认为是"真"。例如，假设 a 为 2，由于 a 是一个非零值，因此，进行逻辑运算时会认为 a 为"真"，则!a 为"假"，用 0 表示，即!a 为 0。

提示： 如果使用"&&"来连接两个表达式，若第一个表达式的值为假，则不再求解第二个表达式，因为使用"&&"连接的两个表达式都为真时，整个逻辑表达式的值才为真，所以若第一个表达式的值为假，就没有必要再求解第二个表达式。同理，如果使用"‖"来连接两个表达式，若第一个表达式的值为真，则不再求解第二个表达式。

6. 位运算符与位运算表达式

C51 是面向 MCS-51 系列单片机的语言，在单片机的实际应用中，经常需要控制某一个二进制位，因此，C51 提供了对位运算的完全支持。位运算符如表 3-9 所示。

表 3-9　位运算符及其含义

位运算符	含　义	位运算符	含　义
&	按位与	‖	按位或
^	按位异或	~	按位取反
<<	位左移	>>	位右移

在位运算符中，除了按位取反运算符"~"是单目运算符外，其他的位运算符都是双目运算符。位运算符的运算量只能是整型或字符型数据。

（1）按位与运算符"&"：参加运算的两个运算量，如果两个相应的位都是 1，则结果值中的该位为 1，否则为 0。按位与有如下用途：

① 清除一个数中的某些特定位。例如，要将 0x33 的最低位清零而其他位不变，只需要将 a 与 0xFE 按位与运算即可。

　　a 的补码：0 0 1 1 0 0 1 1
　　0xFE 的补码：1 1 1 1 1 1 1 0
　　―――――――――――――――――
　　a&0xFE：0 0 1 1 0 0 1 0

② 取出一个数中的某些特定位。例如，要取出 a＝0x33 的低 4 位，只需要将 a 与 0x0F 按位与运算即可。

　　a 的补码：0 0 1 1 0 0 1 1
　　0x0F 的补码：0 0 0 0 1 1 1 1

---

　　a&0x0F：0 0 0 0 0 0 1 1

（2）按位或运算符"｜"：参加运算的两个运算量，如果两个相应的位至少有一个是1，则结果值中的该位为1，否则为0。

　　按位或运算常用来对一个数据的某些特定位置1。例如，要将 a = 0x33 的最高位置1，而其他位不变，只需要将 a 与 0x80 按位或运算即可。

　　　　a 的补码：0 0 1 1 0 0 1 1
　　0x80 的补码：1 0 0 0 0 0 0 0

---

　　　a ｜ 0x80：1 0 1 1 0 0 1 1

（3）按位异或运算符"^"：参加运算的两个运算量，如果两个相应的位相同，即均为1或均为0，则结果值中的该位为0，否则为1。

　　按位异或运算常用来对一个数据的某些特定位进行翻转。例如，要将 a = 0x33 的低4位翻转而其他位不变，只需要将 a 与 0x0F 按位异或运算即可。

　　　0x33 的补码：0 0 1 1 0 0 1 1
　　　0x0F 的补码：0 0 0 0 1 1 1 1

---

　　　　a^0x0F：0 0 1 1 1 1 0 0

（4）按位取反运算符"～"："～"是一个单目运算符，用来对一个二进制数按位取反，即将0变1，1变0。

（5）右移运算符" >> "：右移运算符用来将一个数的各二进制位全部右移若干位，移到右端的低位被舍弃。对无符号数或者有符号数中的正数，左边高位移入0；对有符号数中的负数，左边高位移入1。例如，a = 0x33，a >> 2 表示将 a 中各二进制位右移2位，结果为0x0C。

　　　a 的补码：00110011　　　　　　　a >> 2：00001100̲1̲1̲
　　　　　　　　　　　　　　　　　　　　　　移入　　移出

　　右移1位相当于除以2，右移 n 位相当于除以 2^n，因此 a >> 2 相当于 a/4。

（6）左移运算符" << "：左移运算符用来将一个数的各二进制位全部左移若干位，移到左端的高位被舍弃，右端的低位补0。例如，a = 0x33，a << 2 表示将 a 中各二进制位左移2位，结果为0xCC。

　　　a 的补码：00110011　　　　　　　a << 2：0̲0̲11001100
　　　　　　　　　　　　　　　　　　　　　　移出　　移入

　　左移1位相当于乘以2，左移 n 位相当于乘以 2^n，因此 a << 2 相当于 a*4。

7. 复合赋值运算符与复合赋值表达式

　　凡是二目运算符都可以和赋值运算符结合组成复合赋值运算符。C 语言规定可以使用以下10种复合赋值表达式：

　　　+= 、-= 、*= 、/= 、%= 、<<= 、>>= 、&= 、|= 、^=

复合赋值表达式的一般形式为

　　变量　复合赋值运算符　表达式

例如：

　　i += 1;　　//等价于 i = i + 1

　　x/ = y + 1　　//等价于 x = x/(y + 1)

8. 逗号运算符与逗号表达式

C51 提供了一种特殊运算符——逗号运算符，用逗号运算符可以把两个或多个表达式连接起来，形成逗号表达式。逗号表达式的一般形式为

　　表达式 1，表达式 2，…，表达式 n

逗号表达式的求解过程是从左到右依次计算出每个表达式的值，整个逗号表达式的值等于最右边的表达式（表达式 n）的值。

程序中使用逗号表达式，往往并不一定要得到和使用整个逗号表达式的值，而只是分别求逗号表达式内各表达式的值。另外，并非程序中任何地方出现的逗号都是逗号运算符。例如，在变量定义或函数参数表中，逗号就不是逗号运算符，而是用作各变量之间的间隔符。

9. 条件运算符与条件表达式

条件运算符"?:"是唯一的一个三目运算符，条件表达式的一般形式为

　　逻辑表达式　表达式 1：表达式 2

条件表达式的求解过程是首先计算逻辑表达式的值，如果为 1（true），则整个表达式的值为表达式 1 的值，否则为表达式 2 的值。例如：

　　unsigned int x，y；

　　x = 20；

　　y = x > 10? 2：1；

由于逻辑表达式 x > 10 的值为 1，因此整个表达式的值就是表达式 1 的值，运行的结果为 y = 2。

10. 指针与地址运算符

C51 提供了" * "与" & "两个单目运算符，前者的作用是返回一个地址内的变量值，取内容；后者的作用是返回操作数的地址，即取地址。这两种运算的一般形式分别为

　　变量 = * 指针变量；

　　指针变量 = & 目标变量；

取内容运算是将指针变量所指向的目标变量的值赋给左边的变量；取地址运算是将目标变量的地址赋给左边的变量。

【**实例 3-2**】　通过下面的程序学习指针与地址运算符的用法。

```
#include < reg51. h >
#include < stdio. h >
void main( )
{
    unsigned int a，b；
    unsigned int * pa，* pb；        //定义两个指针变量
    a = 10；b = 20；
```

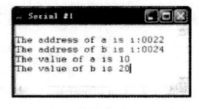

图 3-2　程序运行结果

```
pa = &a;pb = &b;                    //地址运算符,分别把 a、b 的地址赋给 pa、pb
SCON = 0x52;
TMOD = 0x20;
TH1 = 0xE8;
TL1 = 0xE8;
TR1 = 1;
printf("\nThe address of a is% p",pa);  //输出 pa 指针的值(地址值)
printf("\nThe address of b is% p",pb);
printf("\nThe value of a is% d",a);     //输出 pa 所指向的变量的值(即 a 的值)
printf("\nThe value of b is% d",b);
while(1){}
}
```

11. C51 运算符的优先级

C51 语言规定了运算符的优先级。在对有多个运算符参加运算的表达式求值时,按照运算符的优先级别高低次序执行,如先乘除后加减。如果在设计程序时不注意这一点,往往会导致错误的结果。运算符的优先级如表 3-10 所示,表中优先级从上往下逐渐降低,同一行优先级相同。

表 3-10　运算符的优先级

运　算　符	优先级
( )(小括号)、「」(数组下标)、(结构成员)、→(结构成员)	最高
!(逻辑非)、~(按位取反)、-(负号)、++(自加 t)、--(自减 t)、&(取地址)	
*(取内容)、sizeof(长度计算)	↑
*(乘)、/(除)、%(求余)	
+(加)、-(减)	
≪(位左移)、≫(位右移)	
<(小于)、<=(小于等于)、>(大于)、>=(大于等于)	
==(等于)、!=(不等于)	
&(按位与)	
^(按位异或)	
|(按位或)	
&&(逻辑与)	
||(逻辑或)	
?:(条件表达式)	
=(赋值)、+=、-=、*=、/*、%=、<<=、>>=、^=、|=(复合赋值)	
,(逗号运算符)	最低

案例3　简易加法运算控制器设计

本案例是用单片机设计简易加法运算器，要求：对两个8位二进制无符号数进行加法运算。用外接的拨码开关设置参与加法运算的数据，运算的结果通过LED灯显示。

1. 硬件设计

实现本实验的硬件电路中包含的主要元器件为：AT89S5 1片、LED灯8个、8P拨码开关2个、12 MHz晶振1个、电阻和电容等若干。系统硬件电路原理图如图3-3所示。

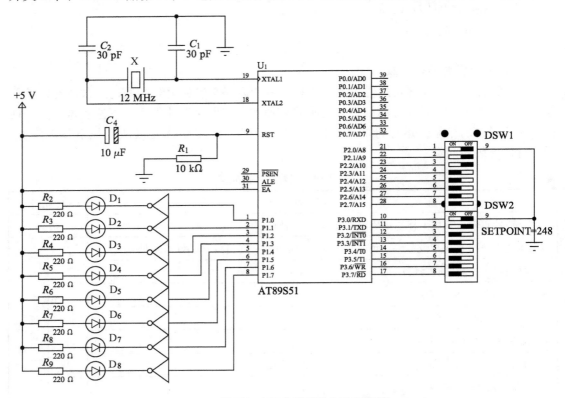

图3-3　简易加法运算器硬件电路原理图

P2.0 ~ 2.7和P3.0 ~ P3.7分别接两个8P拨码开关。拨码开关有两个状态"ON"和"OFF"，用户可通过拨码开关中各独立开关所处位置来确定开关的状态，从而设定加数的值，两个加数的设置范围均为00000000 B ~ 11111111 B（即二进制0 ~ 255）。在本案例中，开关拨至"OFF"，相应位输入为"1"；开关拨至"ON"，则输入为"0"。由于该项目是对两个无符号数进行加法运算的，加法运算的结果范围为00000000 B ~ 11111111 B，结果显示需要8个LED。8个LED灯分别接P1.0 ~ P1.7。

2. 软件设计

```
#include < reg51. h >
main( )
```

```
｛   unsigned char a,b,c;
    P3 = 0xFF;
    P2 = 0xFF;.
    a = P3;
    b = P2;
    c = a + b;
    P1 = c;
｝
```

能力拓展

（1）实现减法、乘法、除法等运算。

（2）将 8 个 LED 灯换成两位 BCD 数码管。

练习题3

连接电路，如图3-4所示，P2.0～P2.7分别接一个发光二极管，现要求编写程序完成如下功能：让8只发光二极管轮流点亮（注意要延时）。

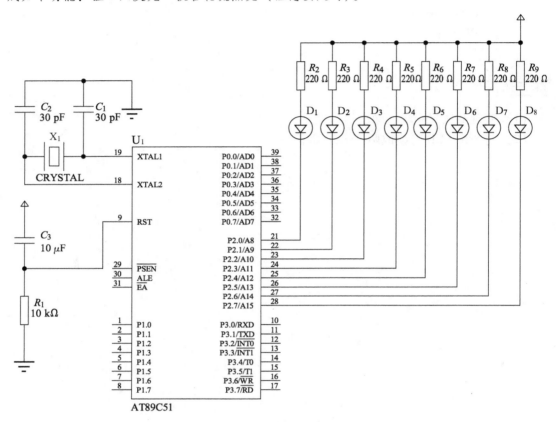

图3-4　流水灯电路图

任务 **4** 流水灯控制器设计

　　知识重点:（1）C51 基本控制语句。
　　　　　　　（2）C51 函数及预处理。
　　知识难点: C51 函数及其调用。
　　教学方式: 从任务入手,通过完成多路信号灯控制器设计,学生掌握 C51 语句及
　　　　　　　函数调用等。

4.1　C51 语句

4.1.1　简单语句与复合语句

　　C51 的语句用来向单片机发出操作指令。一个完整的 C51 程序包括数据描述和数据操作。数据描述定义数据结构和数据初值,由数据定义部分来实现;数据操作是对已提供的数据进行加工,这部分的功能就是由语句来实现的。这里的"数据"既包括与底层硬件无关的数据,也包括如特殊功能寄存器（SFR）等与底层硬件状态直接相关的数据。

　　C51 的语句按其复杂度可以分为简单语句和复合语句。可以用花括号"｛"和"｝"把一些语句组合在一起,使其在语法上等价于一个简单语句,这样的语句称为复合语句。下面的代码演示了复合语句的用法。

```
if( x > y )
｛
z = x;x = y;y = z;
｝
```

　　上述例子是 C 语言中经常使用的程序段,当 x > y 时,执行复合语句,使 x 和 y 的值互换。

　　提示:（1）一个单独的分号也可以构成一个语句,该语句是空语句。一个语句必须用分号结束。

　　（2）复合语句的最后一个语句的最后的分号不能忽略不写,否则会导致编译错误;结束一个复合语句的右花括号之后不能带分号,否则有时会导致编译错误或逻辑错误。

4.1.2 分支控制语句

分支控制语句主要包括 if... else... 语句、if... 语句、多级 if... else... 语句和 switch 语句，共四种形式。前两种语句用于两分支选择结构，后两种语句用于多分支选择结构。

1. if... else... 语句

if... else... 语句的一般形式为

    if(表达式)

        语句 1

      else

        语句 2

其中，"表达式"一般为逻辑表达式或关系表达式，单片机对表达式的值进行判断，若为非 0（即条件成立或称条件为真），则按"分支一"处理；若为 0（即条件不成立或称条件为假），则按"分支二"处理。

2. if... 语句

if... 语句的一般形式为

    if(表达式)

        语句

【实例 4-1】 如图 4-1 所示，P0 口接 8 个发光二极管，P1.0 接一个按钮，要求将按钮按下时，左边 4 个发光二极管亮，当按钮放开时，右边 4 个发光二极管亮。

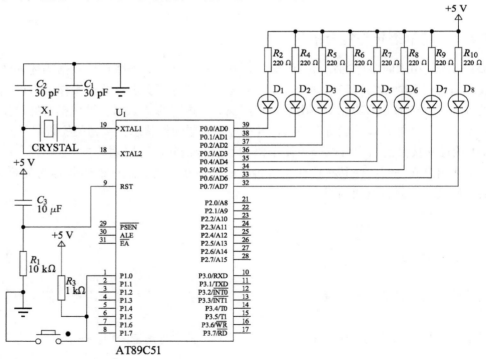

图 4-1 一个按钮控制二极管发光电路

按照上述要求编写程序如下：

```
#include < reg51. h >
sbit p10 = P1^0;                      //可寻址位 p10 必须在 main( )函数外部进行定义
void main( )
{
    while(1)
    {
        if(p10 == 1) P0 = 0x0F;
        else P0 = 0xF0;
    }
}
```

上述程序是采用 if … else… 来编写的,如果利用 if… 语句来实现,则程序改为

```
#include < reg51. h >
sbit p10 = P1^0;
void main( )
{
    while(1)
    {
        if(p10 == 1) P0 = 0x0F;
        if(p10 ==0) P0 = 0xF0;
    }
}
```

3. 多级 if… else… 语句

如果需要创建从几个选项中进行选择的结构，可使用多级 if… else… 或 switch 语句。多级 if… else… 语句的一般形式为

```
if(表达式 1)
    {分支一}
else if(表达式 2)
    {分支二}
else if(表达式 3)
    {分支三}
…
else
    {分支 n}
```

多级 if… else… 语句的流程图如图 4-2 所示。

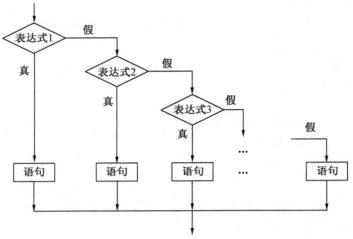

图 4-2　多级 if 语句流程图

这种结构从上至下逐个判断表达式的结果是否为非 0，一旦发现表达式的结果为非 0，就执行与之相关的语句，并跳过其他语句。

【实例 4-2】　如图 4-3 所示，P0 口接 8 个发光二极管，P1.0、P1.1 分别接按钮 S_1、S_2，要求当没有按钮按下时，8 个发光二极管全灭，当 S_1 按钮按下时，左边 4 个亮，当 S_2 按钮按下时，右边 4 个亮，当 2 个按钮按下时，全亮。

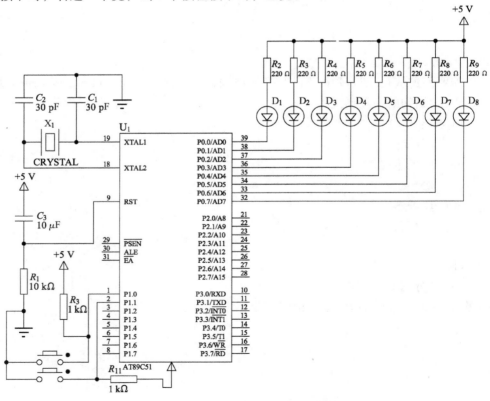

图 4-3　2 个按钮控制二极管发光电路

2 个按钮控制二极管发光程序流程图如图 4-4 所示。

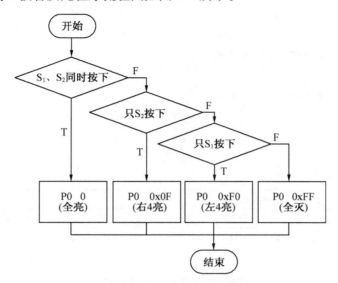

图 4-4　2 个按钮控制二极管发光程序流程图

按照上述要求编写程序如下：

```
#include < reg51. h >
sbit p10 = P1^ 0 ;
sbit p11 = P1^1 ;
void main( )
{
    while( 1 )
    {
        if( p10 ==0&&p11 ==0) P0 =0 ;
        else if( p11 ==0)P0 =0x0F ;
        else if( p10 ==0)P0 =0xF0 ;
        else P0 =0xFF ;
    }
}
```

除了使用多级 if... else... 语句来创建多分支选择结构外，还可以使用 switch 语句创建多分支选择结构。

4. switch 语句

当指令中的选择结构要从多个分支中进行选择时，使用 switch 语句往往要比使用多级 if... else... 语句简洁明了。

switch 语句的一般形式为

```
switch( 整型或字符型变量)
{
    case 值 1 : 分支一 ; break ;
```

        case 值 2:分支二;break;
        ...
        case 值 n:分支 n ;break;
        default:分支 n + 1 或空语句;
    }

switch 语句的流程图如图 4-5 所示。

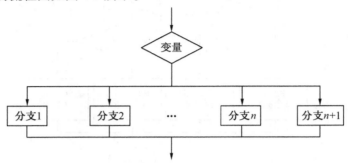

图 4-5   switch 语句流程图

在 switch 语句中，每一条单独的 case 子句都包含一个值，同时后面跟着一个冒号。该值数据类型应该和选择表达式的数据类型一致，也就是说，若 switch 语句中的变量是一个整型变量时，则在 case 子句中的值也应该是整型数值；同样，如果 switch 语句中的变量是一个字符型变量时，则在 case 子句中的值也应该是字符。

每个 case 语句的冒号后面是一条或多条语句。当 switch 语句中变量的值与 case 的值匹配时，就执行这些语句。

在单片机执行了相应 case 子句中的指令以后，通常想让程序退出 switch 语句，不再执行该语句后面剩下的指令，可以将 break 语句作为最后一条语句包含在 case 子句中，这样就可以达到上述目的。

【实例 4-3】   如图 4-6 所示，P1.0 ~ P1.3 接 4 个按钮，P1.4 ~ P1.7 接 4 个发光二极管，现要求在一般情况下，4 个发光二极管全亮，如果只按 S₁ 时 D₁ 灭，只按 S₂ 时 D₂ 灭，依此类推。

按照上述要求编写程序如下：

```
#include < reg51. h >
void main( )
{
    unsigned char ct1 ;
    P1 = 0x0F ;
    while( 1 )
    {
        ct1 = P1 ;
        ct1 = ct1&0x0F ;
        switch( ct1 )
```

```
        case 0x0E:P1 = 0x8F;break;
        case 0x0D:P1 = 0x4F;break;
        case 0x0B:P1 = 0x2F;break;
        case 0x07:P1 = 0x1F;break;
        default:P1 = 0x0F;
}
```

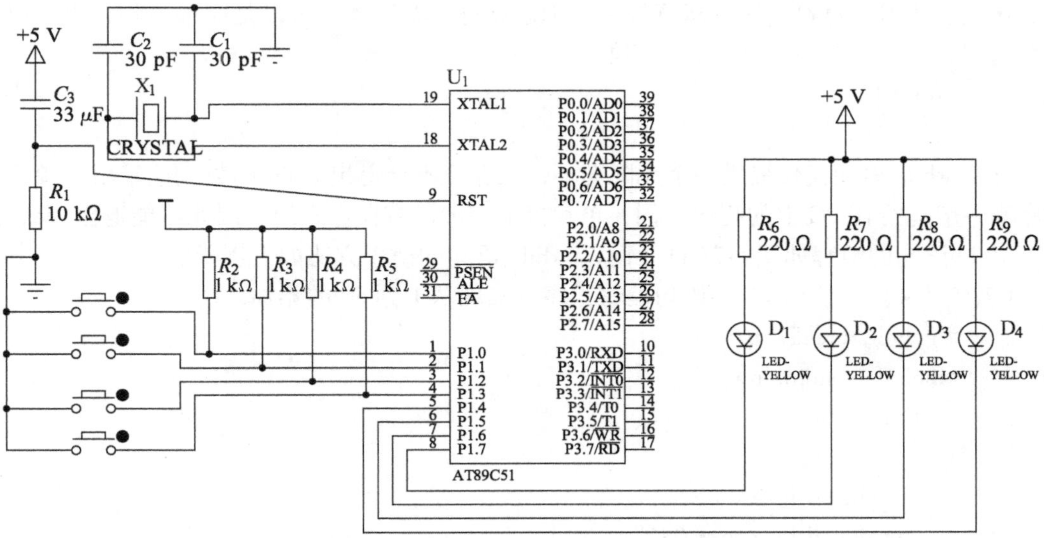

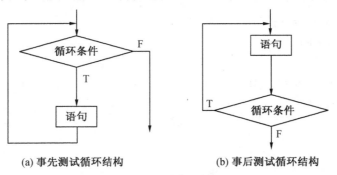

图 4-6　4 个按钮控制二极管发光电路

4.1.3　循环控制语句

例如，洗衣服的过程就包含循环结构，洗衣服的过程通常包括"放入洗衣粉""搓洗""冲洗"这些步骤，直到把衣服洗干净。程序中使用的循环结构也就是重复，指示单片机重复一条或多条指令，直到满足某种条件，这时才停止重复这些指令。循环结构分为事先测试循环结构和事后测试循环结构，它们的流程图分别如图 4-7(a) 和（b）所示。

(a) 事先测试循环结构　　　　(b) 事后测试循环结构

图 4-7　循环结构流程图

C51 中可以用 while 语句、for 语句和 do… while 语句来实现循环结构。其中，while 语句和 for 语句可以构成事先测试循环结构，即在循环体内部的指令执行之前，预先对条件求值；do… while 语句可以构成事后测试循环结构，即在循环体内部的指令执行之后再对条件求值。这两种循环中，使用较多的是事先测试循环。

1. while 语句

while 语句的一般形式为

    while(表达式)

      ｛循环体｝

使用 while 语句时必须提供圆括号中的表达式。表达式表示循环条件，包括变量、常量、函数、算术运算符、比较运算符和逻辑运算符。循环体既可以是简单语句，也可以是复合语句，还可以是一个空语句，例如：

    while(1)

      ｛ ｝

这个 while 语句仅仅提供一个无限循环，以保证不会退出 main 函数，这是由于单片机程序和一般运行在 PC 上的程序不同，单片机上一般没有操作系统，因此不能退出 main 函数。while 语句的流程如图 4-7(a) 所示。while 语句的使用方法如下例所示。

【实例 4-4】　使用 while 语句编写程序，实现从 1 到 50 的累加。

```
#include < reg51. h >
#include < stdio. h >
void main( )
{
    unsigned int i = i;
    unsigned int sum = 0;
    SCON = 0x52;              //设置串行口控制寄存器 SCON
    TMOD = 0x20;              //定时器 1 工作于方式 2
    TH1 = 0xE8;               //11.059 2 MHz,1 200 波特率
    TL1 = 0xE8;
    TR1 = 1;                  //启动定时器 1
    while( i < = 50)
    {
        sum + = 1;
        i + + ;
    }
    printf("sum = % d\n",sum);
    while(1)
    {    }
}
```

2. for 语句

for 语句是在 C51 中用得最多、最灵活的循环语句，可以在一条语句中包括循环控制

变量初始化、循环条件、循环控制变量的增值等内容。for 语句的一般形式为

　　　　for（表达式 1；表达式 2；表达式 3）

　　　　　{循环体}

其中，表达式 1 为循环控制变量初始化表达式，表达式 2 为循环条件表达式，表达式 3 为循环控制变量增值表达式。

需要说明的是，这里所谓的"增值"，既可能是循环控制变量加 1，也可能是循环控制变量加 2，还可能是循环控制变量减 1 或减 2。也就是说，"增值"仅仅是指循环控制变量发生了变化，不要按其字面意思去理解。

用语言描述 for 语句的执行过程如下：

（1）求解表达式 1，也就是给循环控制变量赋一个初值。

（2）测试循环条件表达式 2 是否为真，若为真，则执行循环体，并求解表达式 3，使循环控制变量增值；若为假，转到第（4）步。

（3）转回第（2）步继续执行。

（4）执行 for 语句的下一条语句。

请读者自行用 for 语句实现实例 4-4 所完成的功能。在单片机应用中，经常要写延时程序，利用 for 语句可以实现延时，程序段如下所示：

　　　　int i;　　　　　　　　　　　　int i;

　　　　for（i = 0；i < 30000；i ++）　或　for（i = 0；i < 30000；i ++）；

　　　　{　　　}　　　　　　　　　　　　　延时语句

上述程序段中，循环体为空，即循环体不需要做任何事情。根据图 4-8 所示的流程图可以看出，虽然每次循环没有执行任何语句，但给变量 i 自动加 1，一直加到 30 000 退出循环。

3. do... while 语句

前面的 while 语句和 for 语句都是事先测试循环结构，其特点是先判断循环条件表达式，后执行循环体。而 do ... while 语句是事后测试循环结构，其特点是先执行语句，后判断表达式。do... while 语句的一般形式为

　　　　do

　　　　{循环体}

　　　　while（表达式）；

其中表达式表示循环条件。需要注意，在 while（表达式）后面要加分号。do... while 语句的流程图如图 4-7（b）所示。

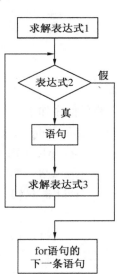

图 4-8　for 语句流程图

可见，do... while 语句的特殊之处在于，第一次执行循环体之前并不测试循环条件，所以，即使循环条件根本就不成立（表达式的值为 0），循环也将执行一次。

4. 嵌套的循环结构

在实际应用中，经常要用到嵌套的循环结构。在嵌套循环结构中，内层循环需要置于称为外层循环的另一个循环中。

例如，日常生活中所用的时钟就使用了嵌套循环。最外层的循环是时针的循环，每 12

小时循环一次；次外层的循环是分针的循环，每 1 小时循环一次；最内层的循环是秒针的循环，每 1 分钟循环一次。

三种循环语句还可以互相嵌套。上面的双层循环结构可以改写为以 for 语句作为外层循环，而以 while 语句作为内层循环，如实例 4-7 所示。

【实例 4-5】　如图 4-9 所示，P0.0 接一个发光二极管，P1.0 接一个按钮，要求当按钮按下时，发光二极管不停地闪烁；当按钮放开时，停止闪烁。

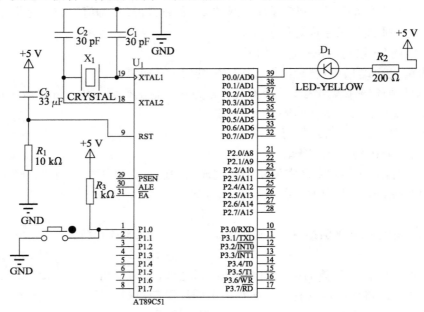

图 4-9　一个按钮控制一个二极管闪烁电路

编写程序如下：

```
#include < reg51. h >
sbit p10 = P1^0;
sbit p00 = P0^0;
void main( )
{
    while(1)
    {
        while( p10 == 0 )
        p00 = ~ p00;
    }
}
```

上述单片机程序在循环 while(1) 中，使单片机程序无限循环，只要按钮按下，则会使发光二极管闪烁。如果没有循环 while(1)，则程序只运行一次就结束了，由于运行时没有按按钮，则程序运行结束，即使再次按按钮也不可能使发光二极管闪烁。

如果利用开发板或实验箱进行实验的话，发现上述程序运行时没有看到发光二极管闪烁, 而是长亮, 原因是程序执行得太快, 发光二极管闪烁的间隔时间太短, 在我们看来就是一直点亮的。因此, 必须在 P0.0 取反后增加一段延时, 使该显示状态停顿一会儿, 人眼才能区别出来。所谓延时, 就是让 CPU 做一些与主程序功能无关的操作 (如将一个数字逐次减1直到0) 来消耗掉 CPU 的时间。例如, 利用下列程序段就可实现延时:

```
for(i = 50000;i > 0;i --)
    {      }
```

即让 i 从 50 000 开始不停地减1, 直至减为0, 把该程序段加入实例4-7的程序中即可以使程序运行正常。

```
#include < reg51 . h >
sbit P10 = P1^0;
sbit P00 = P0^0;
void main( )
{
    unsigned int i;        //由于程序中要利用 i 作循环变量实现延时,所以在此定义
    while(1)
    {
        while( P10 ==0)
        {
            P00 = ~ P00;
            for(i = 50000;i > 0;i -- );          //空语句可以直接用";"来代替
        }
    }
}
```

4.1.4 转移语句

前面所讨论的分支控制语句和循环语句都有着自己完整的流程结构, 另外还有一些流程控制语句可以改变流程, 但自身并不构成完整的流程结构, 这样的语句包括 break 语句和 continue 语句。

1. break 语句

break 语句的一般形式为

break;

在介绍 switch 语句和 for 语句的时候, 已经接触到 break 语句。在 switch 语句中, break语句用来使流程跳出 switch 结构, 继续执行 switch 之后的语句; 在 for 语句中, break 语句用来使流程跳出循环体, 接着执行循环后面的语句。

break 语句不仅可以用于 switch 语句和 for 语句, 而且还可以用于其他的循环语句。

2. continue 语句

continue 语句的一般形式为

continue;

continue 语句的作用是跳过本次循环中剩余的循环体语句, 立即进行下一次循环。

continue 语句只能用在循环语句中，与 break 语句的区别在于执行 break 语句时，不仅跳过本次循环中剩下的语句，而且还跳过剩下的所有循环；而执行 continue 语句时，只是跳过了本次循环中剩下的语句，剩下的循环还要执行。

【实例 4-6】　　电路如图 4-9 所示，要求与 P0.0 相连的发光二极管不停地闪烁，当按下与 P1.0 相连的按钮时停止闪烁。

编程如下：

```
#include < reg51. h >
sbit P10 = P1^0;
sbit P00 = P0^0;
void main( )
{
    int i;
    while(1)
    {
        P00 = ~ P00;
        for( i = 30000;i > 0;i -- );
        if( P10 == 0)                //退出循环
        break;
    }
    while(1);
}
```

【实 4-7】　　电路如图 4-9 所示，要求与 P0.0 连接的发光二极管不停地闪烁，当按下与 P1.0 相连的按钮时，发光二极管暂停闪烁，放开按钮时，发光二极管继续闪烁。

编写程序如下：

```
#include < reg51. h >
sbit P10 = P1^0;
sbit P00 = P0^0;
void main( )
{
    int i;
    while(1)
    {
        if( P10 == 0)
        continue;                //跳过本次循环,发光二极管暂停闪烁
        P00 = ~ P00;
        for( i = 30000;i > 0;i -- );
    }
}
```

案例4 多路信号灯控制器设计

要求单片机外接 $S_1 \sim S_4$ 四个按键，用于控制 3 个 LED 灯（分别为红色、黄色、绿色）发光，按下 S_1 键，红色 LED 灯亮，按下 S_2 键，黄色 LED 灯亮，按下 S_3 键，绿色 LED 灯亮，按下 S_4 键，三个灯全亮。

1. 硬件设计

实现该任务的硬件电路中包含的主要元器件为：AT89S51 1 片、78L05 1 个、红黄绿 LED 灯各 1 个、按键 4 个、12 MHz 晶振 1 个、电阻和电容等若干。多路信号灯控制器的原理图如图 4-10 所示。

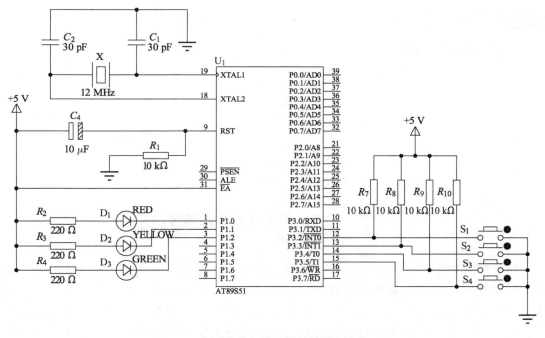

图 4-10 多路信号灯控制器的硬件电路原理图

单片机的 P1.0 ~ P1.2 分别接红色 LED 灯 L_1、黄色 LED 灯 L_2、绿色 LED 灯 L_3 组成显示电路，且低电平点亮。按键电路由单片机 P3 口的 P3.2 ~ P3.5 分别接四个独立按键 $S_1 \sim S_4$ 组成，按键断开时输入为 1，按键闭合时输入为 0。

2. 软件设计

程序如下：

```
#include < reg51. h >
void main( )
    {
        unsigned char ct1 ;
        P3 = 0xFF ;
```

```
ct1 = P3;
ct1 = ct1&0x3C;
switch(ct1)
{
        case 0x38:P1 = 0xFE;break;
        case 0x34:P1 = 0xFD;break;
        case 0x2C:P1 = 0xFB;break;
        case 0x1C:P1 = 0xF8;break;
        default:P1 = 0x0F;
}
}
```

能力拓展

如何用 if 语句实现？

4.2 C51 函数及预处理介绍

在实际应用中，一个完整的 C51 程序往往要完成不止一个功能。例如，一个简单的秒计数程序，需要完成内部资源的初始化、计时、数码管驱动等功能。在 C51 程序中，常用函数完成不同的功能模块，由这些函数构成一个完整的程序。采用函数有以下优点：可以将不同的模块分别进行封装，使程序的整体结构清晰明了；可以增加程序的可重复使用性，减少重复劳动；对于经常使用的程序段，使用函数可以显著地缩减代码。

每一个 C51 程序都必须至少有一个函数，以 main 为名，称为 main 函数或主函数，main 函数是程序的入口，在程序运行时从 main 函数开始执行。对于没有 main 函数的源程序文件，编译器也可以对其编译，但在同一工程中的其他源程序文件中必须有 main 函数，否则连接的时候会出错。

main 函数之外的函数可以统称为普通函数。普通函数从用户使用的角度划分，可以分为标准函数（即库函数）和用户自定义函数。标准函数由 C 编译系统提供，有固定的格式，一般不需要用户对其修改，可以直接使用。

在前面的例子中经常使用的 printf( ) 就是一个库函数，在使用库函数时要把相应的头文件包括进来。例如，使用 printf( ) 时，就要把头文件 stdio. h 包括进来。用户自定义函数是用户根据自己的专门需要自行编写的完成某一功能的函数，在使用前必须进行声明和定义。

4.2.1　函数的定义

函数定义的一般形式有两种。一种是 ANSI C 标准所定义的形式：

类型标识符　函数名（数据类型　形式参数 1，数据类型　形式参数 2,…）
〡函数体〡

第一行称为函数头，其中类型标识符指定该函数返回值（如果有的话）的数据类型；形式参数的列表是可选的，列出了形式参数的数据类型和名字，这些形式参数用来存储传递给该函数的信息。例如，下面的代码定义了一个函数，其功能是返回两个数中的较大数。

```
int max(int a,int b)
{
    int temp;
    temp = a > b? a:b;
    return temp;
}
```

另一种是老版 C 语言所规定的形式：

类型标识符　函数名（形式参数 1，形式参数 2,…）
　　　　数据类型　形式参数 1
　　　　数据类型　形式参数 2
　　　　　…
　　　　数据类型　形式参数 n
　　　　〡函数体〡

例如，下面的代码定义了一个与上面的例子功能相同但形式不同的函数：

```
int max(a,b)
int a;
int b;
{
    int  temp;
    temp = a > b? a:b;
    return temp;
}
```

在本书中，采用 ANSI C 标准所规定的形式。

函数从形式上可以划分为无参数函数、有参数函数和空函数，下面分别介绍这三类函数的定义方法。

1. 无参数函数

无参数函数的定义形式为

类型标识符　函数名()

{函数体}

无参数函数在被调用时没有参数输入，往往并不返回函数值。在这种情况下，"类型标识符"使用"void"。例如，下面的函数仅仅对单片机串口进行初始化，不需要参数，也不返回函数值。

```
void serial_initial( )
{
    SCON = 0x52;              //设置串行口控制寄存器 SCON
    TMOD = 0x20;              //定时器 1 工作于方式 2
    TH1 = 0xE8;               //11.059 2 MHz,1 200 波特率
    TL1 = 0xE8;
    TR1 = 1;                  //启动定时器 1
}
```

2. 有参数函数

有参数函数的定义形式为

类型标识符　函数名(数据类型　形式参数 1，数据类型　形式参数 2,…)

{函数体}

有参数函数在被调用时，主调用函数必须传递参数给被调用函数，而被调用函数可以返回结果给主调用函数，也可以不返回结果。

例如，求两个数中较大数的函数就是一个典型的有参数函数，此函数有两个形式参数，参数的数据类型就是 int，参数返回值的类型标识符也是 int。

3. 空函数

空函数的定义形式为

类型标识符　函数名( )

{　}

例如，可以按下面定义一个空函数：

int　error_number( )

{　}

调用这个空函数时什么工作也没有做，在实际设计中，在开发的初级阶段，程序的功能通常不是十分完善，这时就经常会使用空函数首先搭出程序的框架，再在后续的工作中逐渐扩充，但在最后定型的程序中一般是没有空函数的。

提示：（1）在同一工程中，函数名必须唯一，用户自定义函数之间不能有重复的函数名，用户自定义函数和标准函数之间也不能有重复的函数名。

（2）形式参数在同一个函数中必须唯一，但可以与其他函数中的变量同名。

（3）不能在一个函数中再定义函数。

（4）在定义函数时应指明函数返回值的类型，如果没有函数返回值，应将返回值的类型设为void；若省略了函数返回值的类型，则默认函数返回值的类型为 int 型。

（5）函数的返回值是通过函数中的 return 语句获得的，return 语句将被调用函数中的一个确定值带回主调用函数。若不需要返回函数值，如空函数和大部分无参数函数，可以不要 return 语句。

（6）函数名后面的圆括号不可省略，在圆括号后面也不可加分号（;）。

4.2.2　函数和函数返回值

1. 形式参数和实际参数

在调用函数时，大多数情况下主调用函数和被调用函数之间有数据传递关系，这就是前面提到的有参数函数在定义函数时函数名后面圆括号中的变量名称称为"形式参数"，简称"形参"；在主调用函数调用被调用函数时，函数名后面圆括号中的表达式称为"实际参数"，简称"实参"。

【实例4-8】　编写下面的程序，学习函数的形式参数和实际参数。

```
#include < reg51. h >
#include < stdio. h >
void serial_initial( )
{
        SCON = 0x52;                    //设置串行口控制寄存器 SCON
        TMOD = 0x20;                    //定时器1工作于方式2
        TH1 = 0xE8;                     //11.059 2 MHz,1 200 波特率
        TL1 = 0xE8;
        TR1 = 1;                        //启动定时器1
}
int max( int a,int b);                  //a、b 为形式参数
{
        int temp;
        temp = a > b? a:b;
        return temp;
}
void main( )
{
        int x,y,z,mx;
        serial_initial( );
        printf("\nPlease input 2 num:");
        scanf("% d% d% d",&x,&y,&z);
        mx = max( x,y);                 //x、y 为实际参数
        mx = max( mx,z);                //mx、z 为实际参数
        printf("The max number is% d \n",mx);
        while(1)
        {  }
}
```

提示：关于形式参数和实际参数要注意如下几点:

（1）形式参数在函数定义的时候没有分配存储空间，只有在函数被调用时才分配存储空间，并

把实际参数的值复制到分配的存储空间中。

（2）形式参数和实际参数占据不同的地址，形式参数的变化不影响实际参数。

（3）函数调用完毕后，形式参数的存储空间立即释放，但实际参数仍然存在并维持原值，能被其他函数继续使用。

（4）实际参数的个数与形式参数的个数必须一致，在数据类型上与形式参数——对应匹配。

（5）实际参数可以是常量、变量或表达式，但形式参数只能是变量。

2. 函数的返回值

通常，希望通过函数调用使主调用函数能得到一个确定的值，这个值就是函数的返回值。

函数的返回值是通过函数中的 return 语句获得的。return 语句将被调用函数中的一个确定值带回主调用函数中去。return 后面的值可以是一个表达式。例如，上例中的 max( ) 函数可以改写成如下的等价形式：

```
int max( int a ,int b)
{
    return a > b？ a：b；
}
```

返回值的类型必须与函数头中的类型标识符名一致，否则以函数头中的类型为准，由系统自动转换。如果不需要从被调用函数中返回函数值可以不要 return 语句，为了明确表示"不带回值"，可以用"void"定义"无类型"（或称"空类型"）。例如，上例中的 serial_ initial( )函数就是 void 类型。

4.2.3 函数的原型声明

在 C51 语言中，主函数与其他函数是平行的，相对于在同一个源程序文件中的 main( )函数，其他函数可以在 main( )函数之前定义。

【实例 4-9】 uart_ init( )是单片机串口初始化函数，为 main( )函数中的 printf 语句做必要的设置。编写下面的程序，学习 uart_ init( )函数在 main( )函数之前的定义与调用方法。

```
#include < reg51. h >
#include < stdio. h >
void uart_init( )
{
    SCON = 0x50；
    TMOD = ( TMOD&0x0F) |0x20；
    TH1 = 0xE8；
    TL1 = 0xE8；
    TR1 = 1；
}
void main( )
{
```

```
        uart_init( );
        printf("Function definition is ahead of main function");
        while(1)
            {    }
    }
```

但这种定义方法有一个缺点：所有的函数都位于 main( ) 函数之前，使得整个源程序文件显得庞杂混乱。ANSI C 要求用另一种格式书写：所有的函数的定义都放在 main( ) 函数之后，但要在 main( ) 函数之前对其进行原型声明。

函数原型声明的格式为

　　　类型标识符　函数名(数据类型 < 形式参数 1 > ;数据类型 < 形式参数 2 > ;…) ;

其中，尖括号 < > 中的内容可选，也就是可以只列出各个形式参数的数据类型而不必列出形式参数的名称。

提示： 函数原型声明与函数的定义是完全不同的。函数的定义是对函数功能的确立，是一个完整的函数单位；函数原型声明的作用是把函数类型、函数名、函数参数的个数和参数类型等信息通知编译系统，以便在遇到函数调用时，编译系统能正确识别函数并检查调用是否合法。函数原型声明语句在圆括号后面必须加分号（;）。例如，实例 4-9 按这种规范就要改写成如下形式。

【实例 4-10】　　用 ANSI C 规定的函数原型声明编程改写实例 4-9，使得普通函数在 main( ) 函数之后定义，但必须在 main( ) 函数之前进行原型声明。

```
        #include < reg51. h >
        #include < stdio. h >
        void uart_init( );                          //对函数 uart_init( )进行函数声明
        void main( )
        {
            uart_ init( );
            printf("Function definition is ahead of main function");
            while(1)
                {    }
        }
        void uart_ init( )
        {
            SCON = 0x50;
            TMOD = ( TMOD&0x0F) |0x20;
            TH1 = 0xE8;
            TL1 = 0xE8;
            TR1 = 1;
        }
```

4.2.4　函数的调用

1. 函数调用的一般形式

函数调用的一般形式为

　　　　函数名（实际参数列表）；

如果被调用函数是无参数函数，则实际参数列表为空，但函数名后面的圆括号不能省略，实例 4-10 中对无参数函数 uart_init( ) 调用就是这种情况。此时函数调用的形式为

　　　　函数名( )；

如果实际参数列表包括多个实际参数，则各参数之间用逗号隔开，实际参数与形式参数的个数应该相等，类型应该一致，实际参数与形式参数按顺序对应，一一传递数据。

2. 函数调用的方式

主调用函数对被调用函数的调用有如下三种方式。

（1）函数语句：把函数调用作为一个语句，例如，实例 4-9 中对 uart_init( ) 的调用此时不要求被调用函数返回函数值，只是完成一定的操作。

（2）函数表达式：函数出现在一个表达式中，这种表达式称为函数表达式，这时要求函数带回一个确定的值来参与运算。实例 4-8 中 "mx = max(x,y)；" 语句对 max( ) 的调用，就是作为赋值表达式的一个运算对象。

（3）函数参数：在主调用函数中将函数调用作为另一个函数调用的实际参数，这种在一个函数的过程中又调用了另外一个函数的方式，称为嵌套函数调用，在直接输出一个函数的返回值的时候经常采用这种方法。实例 4-8 中的 printf 语句可以改写为以下形式：

　　　　printf("The max number is% d\n",max(mx,z))；

被调用的函数必须是已经存在的函数，如编译器的标准函数或用户自己定义的函数。如果使用的函数是库函数，一般还应在文件开头用 "#include" 命令将调用有关库函数时所需用到的信息包含到文件中。

4.2.5　内部函数与外部函数

上节介绍了不同作用域的全局变量的定义和使用方法。与之类似，函数也有同样的问题，有些函数可以允许被其他源程序文件中的函数调用，有些函数则不希望被其他源程序文件中的函数调用。前一种函数称为内部函数，后一种函数称为外部函数。

1. 内部函数

内部函数只能被本程序文件中其他函数所调用。内部函数的定义方法是在函数的类型名前加 static，即

　　　　static　类型标识符　函数名(数据类型　形式参数 1,数据类型　形式参数 2,…)
　　　　　　|函数体|

内部函数又称静态函数。使用内部函数可以使函数只局限于所在文件，即使不同的文件中有相同函数名的函数也不会相互干扰。这在多人同时编写一个程序的不同部分的时候

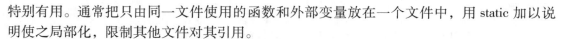

特别有用。通常把只由同一文件使用的函数和外部变量放在一个文件中，用 static 加以说明使之局部化，限制其他文件对其引用。

2. 外部函数

外部函数的定义方法是在函数的类型标识符名前加 extern，即

　　extern　　类型标识符　　函数名(数据类型　形式参数 1,数据类型　形式参数 2,…)
　　　　　{函数体}

如果在定义函数时省略 extern，则默认为外部函数。因此，前面章节中的函数都是外部函数。在需要调用此函数的文件中对此函数进行原型声明时，一般也要用 extern 来说明所调用的函数是在其他文件中定义的外部函数。实例 4-11 说明了外部函数的用法注意，本例与此前的例子的编译方法有所不同。前面的例子都是只有一个源程序文件，直接编辑好文本后编译即可；本例要把 file1. c 和 file2. c 分别编写成两个源程序文件，然后在同一个工程中编译。

【实例 4-11】 编写下面的程序，学习外部函数的用法。有两个源程序文件 file1. c 和 file2. c，在 file2. c 中引用了 file1. c 中的 max( ) 函数。

```c
/ * file1. c * /
#include < reg51. h >
#include < stdio. h >
void uart_init( void ) ;
extern unsigned int max( unsigned int,unsigned int,unsigned int) ;
void main( void )
{
    unsigned int a,b,c,result;
    a = 10;b = 40 ;c = 30;
    uart_ init( ) ;
    result = max( a,b,c ) ;
    printf("The largest number is% u.",result) ;
    while( 1 )
        { }
}
void uart_init( )
{
    SCON = 0x50;
    TMOD = ( TMOD&0x0F ) |0x20;
    TH1 = 0xE8;
    TL1 = 0xE8;
    TR1 = 1;
}
/ * file2 . c * /
extern unsigned int max( unsigned int x,unsigned int y,unsigned int z)
```

```
        }
            return( x > y? x :y) > z? ( x > y? x :y) :z;
        }
```

4.2.6 预处理命令

在前面各章中已多次使用过以"#"开头的预处理命令，如包含命令#include、宏定义命令#define 等。在源程序中这些命令都放在函数之外，并且一般都放在源文件的前面。在编译系统对程序进行编译（包括词法分析、语法分析、代码生成、代码优化等）之前，先对程序中这些特殊的命令进行预处理，然后将预处理的结果和源程序一起再进行编译处理，最后得到目标代码。这些特殊的命令就是预处理命令。

C51 提供的预处理命令，主要有以下三种：宏定义、文件包含、条件编译。

1. 宏定义

宏定义命令为#define，其作用是用一个标识符来表示一个字符串，称为宏。被定义为宏的标识符称为宏名，而被代替的字符串既可以是常数，也可以是其他任何字符串。在编译预处理时，对程序中所有出现的宏名，都用宏定义中的字符串去代换，这称为宏代换或宏展开。

在 C 语言中，宏分为有参数宏和无参数宏两种。下面分别讲解这两种宏的定义和调用。

（1）不带参数的宏。

不带参数的宏定义格式为

   #define   宏名   （字符串）

当字符串为常数时通常不加括号，例如：

   #define   PI   3. 14

   #define   TRUE   1

   #define   FALSE   0

一旦在源程序中使用了 PI、TRUE 或 FALSE，编译的时候会自动用3. 14、1 或 0 代替。

通常程序中的所有宏定义集中放在源程序的开头部分，以便于检查或修改，提高程序的可靠性。如果需要修改程序中的某个常量，不必修改整个程序，而只要修改一下相应的宏定义即可。

宏名的有效范围是从宏定义命令#define 开始，直到本源文件结束。通常将宏定义命令#define 写在源程序的开头、函数的外面，作为源程序的一部分，从而在整个文件范围内有效。在需要终止宏命令功能时，可以用命令#undef 终止宏定义的作用域。

（2）带参数的宏。

C 语言允许宏带参数。在宏定义中的参数称为形式参数，在宏调用中的参数称为实际参数。在调用带参数的宏时，不仅要展开宏，而且要用实参去代换形参。

带参数宏定义的一般形式为

   #define   宏名(形参表)   （字符串）

在字符串中含有各个形参。

带参数宏的定义将一个带形式参数的表达式定义为一个带形式参数表的宏名。对程序中所有带实际参数表的，该宏名都用指定的表达式来替换，同时用参数表中的实际参数替换表达式中对应的形式参数。例如：

> #define S(a,b) (a ∗ b)
>
> …
>
> area = S(5,10);

定义矩形面积 S，a 和 h 是边长，在程序中用了 S(5,10)，把 5、10 分别代替宏定义中的形式参数 a、b，即用 5 ∗ 10 代替 S(5,10)，因此赋值语句展开为

> area = 5 ∗ 10;

对带参数的宏定义是这样展开置换的：在程序中如果有带实参的宏，如 S(5,10)，则按#define 命令行中指定的字符串从左到右进行置换；如果字符串中包含宏的形参，如 a、b，则将程序语句中相应的实参（可以是常量、变量或表达式）代替形参；如果宏定义字符串中的字符不是参数字符，如 a ∗ b 中的 ∗ 号，则保留。这样就形成了置换的字符串。

带参数的宏定义常用来代表一些简短的表达式，用来将直接插入的代码代替函数调用，从而提高程序的执行效率。下面通过一个例子说明带参数的宏定义。

【实例 4-12】　编写下面的程序，学习带参数的宏定义的用法，定义两个带参数的宏 L(a,b) 和 S(a,b)。

```c
#define L(a,b) (2 * (a + b))
#define S(a,b) ((a) * (b))
void uart_init(void);
void main(void)
{
    unsigned int length,area;
    uart_init();
    length = L(5,10);
    area = S(5,10);
    printf("Length = %u\nArea = %u\n",length,area);
    while(1)
    {  }
}
void uart_init()
{
    SCON = 0x50;
    TMOD = (TMOD&0x0F)|0x20;
    TH1 = 0xE8;
    TL1 = 0xE8;
    TR1 = 1;
}
```

2. 文件包含

文件包含是预处理程序的另一个重要功能。所谓文件包含处理是指一个源文件可以将另外的文件包含到本文件中，文件包含命令行的一般形式为

#include <文件名>

在前面已多次用此命令包含过库函数的头文件，例如：

#include <reg51. h>

#include <stdio. h>

文件包含命令的功能是把指定的文件插入该命令行位置取代该命令行，从而把指定的文件和当前的源程序文件连成一个源文件。在程序设计中，文件包含是很有用的。一个大的程序可以分为多个模块，由多个程序员分别编程。有些公用的符号常量或宏定义等可单独组成一个文件，在其他文件的开头用包含命令包含该文件即可使用。这样，可避免在每个文件开头都去定义这些符号常量或宏定义，从而节省时间，减少出错。

对文件包含命令还要说明以下几点：

（1）包含命令中的文件名可以用双引号括起来，也可以用尖括号括起来。例如，下列写法是允许的：

#include "stdio. h"

#include <stdio. h>

但是这两种形式是有区别的：使用尖括号表示在包含文件目录中去查找（包含目录是由用户在设置环境时设置的），而不在源文件目录中去查找；使用双引号则表示首先在当前的源文件目录中查找，若未找到才到包含目录中去查找。编程时可根据自己文件所在的目录来选择某一种命令形式。

（2）一个 include 命令只能指定一个被包含文件，若有多个文件要包含，则须用多个 include 命令。

（3）文件包含允许嵌套，即在一个被包含的文件中，又可以包含另一个文件。

（4）被包含文件（假设为 file1. h）与其所在的文件（即采用#include 命令的源文件，假设为 file1. c）在预编译后已经成为同一个文件而不是两个文件，如果被包含文件（file1. h）中有全局静态变量，则这些全局静态变量也在 file1. c 中有效，不必用 extern 命令说明。

3. 条件编译

一般情况下，源程序中所有的行都参加编译，但有时候希望对其中的一部分内容只在满足一定条件时才进行编译，也就是可以按不同的条件去编译不同的程序部分，因而产生不同的目标代码文件，这就是条件编译，这对于程序的移植和调试是很有用的。

条件编译命令有以下三种形式。

（1）第一种形式。

#ifdef 标识符

　　　程序段 1

#else

　　　程序段 2

#endif

（2）第二种形式。

　　　　#ifdef 标识符

　　　　　　程序段 1

　　　　#else

　　　　　　程序段 2

　　　　#endif

其作用是：若标识符已被定义过（一般用#define 命令定义），则编译程序段 1，否则编译程序段 2。如果程序段 2 为空，则#else 部分可以省略，即写成：

　　　　#ifdef 标识符

　　　　　　程序段 1

　　　　#endif

其作用是：若标识符未被#define 命令定义过，则对程度段 1 进行编译，否则对程序段 2 进行编译。这与第一种形式正好相反。

（3）第三种形式。

　　　　#if 常量表达式

　　　　　　程序段 1

　　　　#else

　　　　　　程序段 2

　　　　#endif

其作用是：如果常量表达式的值为真（非 0），则对程序段 1 进行编译，否则对程序段 2 进行编译，因此可以使程序在不同条件下完成不同的功能。

需要注意的是，这种形式中的常量表达式必须是 0 或非零的表达式。

案例 5　流水灯控制器设计

要求：单片机最小系统，P2 口接 8 个发光二极管，一个一个点亮，形成跑马灯或流水灯。

1. 硬件设计

实现该任务的硬件电路中包含的主要元器件为：AT89S51 1 片、78L05 1 个、12 MHz 晶振 1 个、电阻和电容等若干。跑马灯控制器的原理图如图 4-11 所示，P2.0 ~ P2.7 分别接 8 个发光二极管 L_1 ~ L_8，R_2 ~ R_9 为限流电阻。

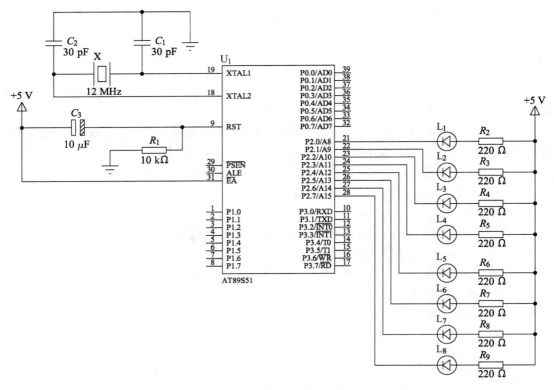

图 4-11　跑马灯控制器硬件电路电路图

2. 软件设计

程序如下：

```
#include < reg51. h >
void delay(unsigned char i);        //延时函数声明
void main( )                        //主函数
{
  unsigned char i,w;
  while(1)
  {
    w = 0xFE;                       //信号灯显示初值0xFE
    for( i = 0;i < 8;i ++ )
    {
      P2 = w;                       //显示字送P2 口
      delay(250);                   //延时
      w <<= 1;
      w |= 1;
      if( w == 0xFF)  w = 0xFE;
    }
```

```
        }
    }
    void delay ( unsigned char i)                 //延时函数
    {
        unsigned char j,k;
        for( k = 0;k < i;k + + )
        for( j = 0;j < 255;j + + ) ;
    }
```

能力拓展

还能用什么方法实现流水灯？

练习题4

1. 如图4-12所示，单片机 P1 口的 P1.0、P1.1、P1.2 和 P1.3 各接一个开关 S_1、S_2、S_3 和 S_4，P1.4、P1.5、P1.6 和 P1.7 各接一个发光二极管。由 S_1、S_2、S_3 和 S_4 来确定哪个发光二极管被点亮，即按下 S_1、S_2、S_3 或 S_4 时，分别点亮 D_1、D_2、D_3、D_4 四个发光二极管。试编写程序实现上述功能。

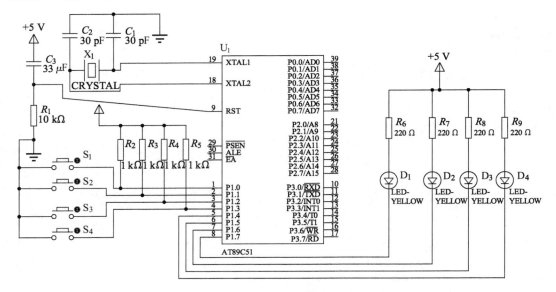

图4-12　连接电路

2. 按图4-11所示电路图，编程实现从右至左循环轮流点亮一只灯。

3. 要求单片机接 12 个灯，逐一点亮发光二极管，请画出电路图并编写程序。

4. 使 P1.0 连接一个按钮 K_1，当按下 K_1 时，与 P0 口连接的 8 个发光二极管从左至右轮流逐一点亮（流水灯），当放开 K_1 时，流水灯现象停止。请画出电路图并编写程序。

任务 *5*

秒 表 设 计

知识重点：（1）中断控制用寄存器。
　　　　　　（2）中断服务函数的编写。
　　　　　　（3）定时器工作方式及控制寄存器的使用。
知识难点：中断服务函数，定时器工作方式。
教学方式：从任务入手，通过完成秒表的设计，学生掌握单片机定时器和中断的
　　　　　　使用方法。

5.1　中断系统介绍

5.1.1　中断的概念与作用

1. 中断的概念

什么是中断？下面我们从一个生活中的例子引入。你正在家中看书，突然电话铃响了，你不是合上你的书，而是在你所看到的那一页书上做上记号才去接电话，和来电话的人交谈，谈完后放下电话，回来继续从原已做记号的书页继续看书。在这个过程中，来电话就是一个中断事件，铃响是一个中断信号，提醒你必须中断目前的工作去处理另一个紧急事件，但在处理这个紧急事件时，对所看的书须做记号保持原样以便接完电话后继续看，这就是中断的断点保护。类似的情况在计算机（包括单片机）中也存在。

中断是指计算机在执行某段程序的过程中，由于计算机系统内、外的某种原因，暂时终止原程序的执行，转去执行相应的处理程序，在中断服务程序执行完后，再回来继续执行被中断的原程序的过程。

2. 中断的作用

（1）CPU 与外围器件并行工作：解决 CPU 速度快、外围器件速度慢的矛盾。在外围器件需要时发出中断申请，CPU 中断原有工作，执行中断服务程序，与外围器件交换数据；中断服务结束，CPU 返回原程序继续执行。

（2）实时处理：控制系统往往有许多数据需要采集或输出，实时控制中有的数据难以估计何时需要交换，中断可为实时控制提供支持。

（3）故障处理：计算机系统的故障往往随机发生，如电源断电、运算溢出、存储器出错等。采用中断技术，系统故障一旦出现，就能及时处理。

（4）实现人机交互：人和单片机交互一般采用键盘和显示器，可以采用中断的方式实现。

中断方式使 CPU 执行效率高，而且可以保证人机交互的实时性，故中断方式在人机交互中得到广泛应用。

5.1.2　中断系统组成与控制寄存器介绍

中断系统是指能实现中断功能的那部分硬件电路和软件程序。MCS-51 单片机的中断系统如图 5-1 所示，其中大部分中断电路都是集成在芯片内部的，只有 $\overline{INT0}$ 和 $\overline{INT1}$ 中断输入线上的中断请求信号产生电路分散在各中断源电路或接口芯片电路里。

1. 中断源和中断标志

生活中有很多事件可以引起中断：有人按门铃了，电话铃响了，你的闹钟响了，你烧的水开了等等诸如此类的事件，我们把可以引起中断的事件称为中断源。在单片机中，中断源是指引起中断原因的设备或事件，或发出中断请求信号的来源。

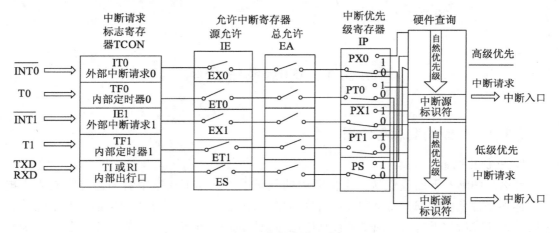

图 5-1　中断系统组成

（1）中断源。

① 外部中断源：MCS-51 系列单片机有两个外部中断源，称为外部中断 0 和 1，经由单片机上的 P3.2、P3.3 这两个外部引脚引入，为 $\overline{INT0}$、$\overline{INT1}$。外部中断请求信号的触发方式有电平触发方式和下降沿触发方式两种，用户通过对控制寄存器 TCON 中的 IT0 和 IT1 位的状态设定来选取某种方式。

在单片机中，外部中断源通常有 I/O 设备、实时控制系统中的随机参数和信息故障源等。

② 内部中断源包含以下两个方面：

● 定时器溢出中断源，由内部定时器/计数器产生，属于内部中断。MCS-51 单片机内部有两个 16 位的定时器/计数器，对内部定时脉冲或 T0（P3.4）、T1（P3.5）引脚上输入的外部脉冲计数，实现定时或计数功能。当计数器发生溢出时，溢出信号向 CPU 发出中断请求，表明定时时间已到或计数值满。

● 串行口中断源，由内部串行口中断产生，属于内部中断。当串行口接收或发送完一帧串行数据时，串行口自动向 CPU 发出一个中断请求，CPU 响应中断请求后转入串行口中断服务程序，以实现串行数据的发送和接收。

（2）中断请求标志。

① TCON 中的中断标志位：TCON 是定时器/计数器 T0 和 T1 的控制寄存器，同时也锁存 T0 和 T1 的溢出中断标志及外部中断 0 和 1 的中断标志等，在 TCON 寄存器中共有 6 个位与中断有关，其中低 4 位与外部中断有关，如图 5-2 所示，TCON 的地址为 88H。

位地址：	8FH	8EH	8DH	8CH	8BH	8AH	89H	88H
	D7	D6	D5	D4	D3	D2	D1	D0
	TF1	TR1	TF0	TR0	IE1	IT1	IE0	IT0

图 5-2　TCON 中的中断标志位

各控制位的含义如下：

● IE0——外部中断 0（即$\overline{INT0}$）的中断请求标志位。当检测到外部中断引脚 P3.2 上存在有效的中断请求信号时，由硬件使 IE0 置 1。

● IT0——外部中断 0（即$\overline{INT1}$）的中断触发方式控制位，可由软件进行置位和复位。外部中断的触发可以是电平触发（低电平有效）或下降沿触发（负跳变有效）。

当 IT0 = 0 时，$\overline{INT0}$为电平触发方式，CPU 在每一个机器周期的 S5P2 期间采样引脚 P3.2 的输入电平，若采样到低电平，则使 IE0 置 1，表示$\overline{INT0}$向 CPU 请求中断；若采样到高电平，则使 IE0 清 0。

当 IT0 = 1 时，$\overline{INT0}$为下降沿触发方式（或称负跳变触发方式）。CPU 在每个机器周期的 S5P2 期间检测外部中断 0 引脚 P3.2 输入电平，如果在相继的两个机器周期采样过程中，一个机器周期采样到外部中断 0 请求为高电平，接着的下一个机器周期采样到外部中断 0 请求为低电平，则使 IE0 置 1。直到 CPU 响应中断时，才由硬件使 IE0 清 0。

● IE1——外部中断 1（即$\overline{INT1}$）的中断请求标志位。其含义与 IE0 相同。

● IT1——外部中断 1（即$\overline{INT1}$）的中断触发方式控制位。其含义与 IT0 相同。

● TF0——定时器/计数器 T0 的溢出中断请求标志位。当启动 T0 计数以后，T0 从初值开始加 1 计数，计数器最高位产生溢出时，由硬件使 TF0 置 1，并向 CPU 发出中断请求。当 CPU 响应中断的同时，硬件将自动对 TF0 清 0。

● TF1——定时器/计数器 T1 的溢出中断请求标志位。含义与 TF0 相同。

② SCON 中的中断标志位：SCON 为串行口控制寄存器，其低 2 位锁存串行口接收中断和发送中断标志 RI 和 TI，其中断标志位如图 5-3 所示。

	9FH	9EH	9DH	9CH	9BH	9AH	99H	98H
	D7	D6	D5	D4	D3	D2	D1	D0
	SM0	SM1	SM2	REN	TB8	TB8	TI	RI

图 5-3　SCON 的中断标志位

各控制位的含义如下：

● TI——串行口发送中断请求标志。CPU 将一个数据写入发送缓冲器 SBUF 时，就启动发送。每发送完一帧串行数据后，硬件置位 TI。CPU 响应中断时，并不清除 TI，必须在中断服务程序中由软件对 TI 清 0。

● RI——串行口接收中断请求标志。在串行口允许接收时，每接收完一帧串行数据，硬件置位 RI。同样，CPU 响应中断时不会清除 RI，必须用软件对其清 0。

注意：单片机复位后，TCON、SCON 各位清 0，另外所有能产生中断的标志位均可由软件置 1 或清 0，由此可以获得与硬件置 1 或清 0 的同样效果。

2. 中断控制寄存器

（1）中断开放与禁止。

中断允许寄存器 IE 对中断的开放和关闭实行两级控制。所谓两级控制，就是有一个总开关中断控制位 EA（IE.7）。当 EA = 0 时，则屏蔽所有的中断申请，即任何中断申请都不接受；当 EA = 1 时，CPU 开放中断，但五个中断源还要由 IE 的低 5 位的各对应控制位的状态进行中断允许控制。IE 中各位的含义如图 5-4 所示，IE 的地址为 A8H。

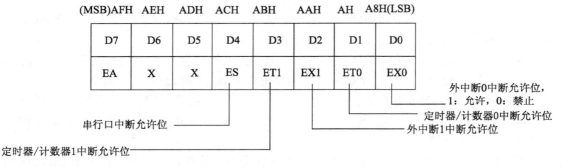

图 5-4 IE 的中断允许控制位

【实例 5-1】 如果我们要设置外中断 1，定时器 1 中断允许，其他不允许，设置 IE 的相应值如下：

	AFH	AEH	ADH	ACH	ABH	AAH	A9H	A8H
位	D7	D6	D5	D4	D3	D2	D1	D0
符号	EA	X	X	ES	ET1	EX1	ET0	EX0
值	1	0	0	0	1	1	0	0

（2）中断优先级控制。

MCS-51 单片机有两个中断优先级：高级中断和低级中断。每一个中断源都可以通过编程确定为高优先级中断或低优先级中断。当有多个中断源提出中断请求时，CPU 先响应高级中断，然后再响应低级中断。若 CPU 当前正在为低优先级中断服务，在开中断的条件下，它能被另一个高优先级中断请求所中断，转去为高级中断服务，之后再返回到被中断了的低级中断的服务程序，这就是中断嵌套，如图 5-5 所示。

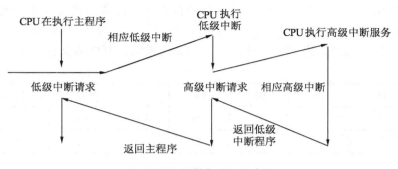

图 5-5　中断嵌套过程示意图

中断优先级是由中断优先级寄存器 IP 来设置的，IP 中的每一位都可以由软件方法来置 1 或清零。IP 中某位设为 1，与该位相对应的中断就是高优先级，否则就是低优先级，如图 5-6 所示。

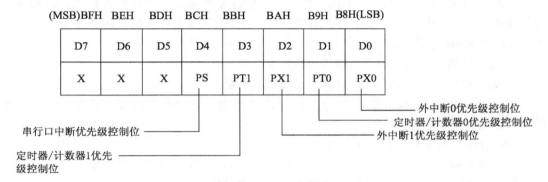

图 5-6　中断优先级寄存器 IP 的控制位

由于只有两级中断优先级，所以必有一些中断处于同一优先级，也就有了中断优先权排队问题。同一优先级中的中断源优先权排队按自然优先顺序进行，自然优先顺序由中断系统的硬件确定，用户无法自行安排，自然优先权顺序如表 5-1 所示。

表 5-1　中断源优先权顺序表

中断源	同级优先权排队
外部中断 0 中断	最高
定时器/计数器 0 中断	
外部中断 1 中断	↓
定时器/计数器 1 中断	
串行接口中断	最低

MCS-51 系列单片机中断响应原则：

① 高级中断请求可以中断正在执行的低级中断。

② 同级或低级中断请求不能中断正在执行的中断。

③ 多个中断源同时向 CPU 申请中断，首先响应优先级别最高的中断请求；多个同级

中断源同时向 CPU 申请中断，CPU 通过内部硬件查询，按自然优先权顺序确定优先响应哪一个中断请求。

【实例 5-2】 如果要将 T0，外中断 1 设为高优先级，其他为低优先级，则 IP 的值设置如下：

位	D7	D6	D5	D4	D3	D2	D1	D0
符号	X	X	X	PS	PT1	PX1	PT0	PX0
值	0	0	0	0	0	1	1	0

【实例 5-3】 在实例 5-2 中，如果 5 个中断请求同时发生，求中断响应的次序。

响应次序如下：

定时器 0 > 外部中断 1 > 外部中断 0 > 定时器 1 > 串行口中断。

3. 中断响应

MCS-51 单片机工作时，在每个机器周期中都会去查询各个中断请求标志，判断是否有中断请求，某个中断源向 CPU 发出中断请求并不一定马上被响应，还必须满足下列条件单片机才能响应中断请求：

① 没有同级的中断或更高级别的中断正在处理。

② 正在执行的指令必须执行完最后 1 个机器周期。

③ 若正在执行 RETI，或正在访问 IE 或 IP 寄存器，则必须执行完当前指令的下一条指令后方能响应中断。

CPU 在中断响应后执行以下操作：

① 撤除中断，即清除相应的中断请求标志位（TI 和 RI 必须由软件清零）。

② 保护断点和现场，跳转到中断服务程序入口并执行中断服务程序。

③ 结束中断服务程序，恢复断点，并返回响应中断之前的程序继续执行。

5.1.3　中断服务函数的编写

C51 编译器支持在 C 语言源程序中直接编写 MCS-51 单片机的中断服务函数，从而减轻使用汇编语言的烦琐程度，提高了设计效率。中断服务函数的一般形式为

```
void 函数名( ) interrupt m ［using n］
```

中断函数既不能进行参数传递，也没有返回值，因此，中断函数的形式参数列表为空，函数类型标识符名为 void。例如，下面就是定时器 0 的定义方式：

```
void intr_time0( ) interrupt 1
{ }
```

关键字 interrupt 后面的 m 代表中断号，是一个常量，取值范围是 0 ~ 31。C51 编译器允许 32 个中断，其中断服务函数的入口地址为 8m + 3，具体使用哪些中断由具体的单片机芯片决定。MCS-51 单片机的常用中断号和入口地址如表 5-2 所示。

表 5-2   中断源的中断服务程序入口地址

中断源	入口地址	中断号
外部中断 0	0003H	0
定时器/计数器 0 中断	000BH	1
外部中断 1	0013H	2
定时器/计数器 1 中断	001BH	3
串行口中断	0023H	4

关键字 using 后面的 n 代表中断函数将要选择使用的寄存器组，也是一个常量，取值范围是 0 ~ 3。using 不仅可以用于中断服务函数的定义中，也可以用于普通的内部函数，但不能用于外部函数。using 在定义一个函数时是一个可选项，就中断服务函数而言，如果不使用 using，则在进入中断服务函数的时候，中断函数中所用到的全部工作寄存器都要入栈，函数返回之前所有的寄存器内容出栈；如果使用 using，则在进入中断服务函数的时候，只将当前工作寄存器组入栈，用 using 指定的工作寄存器组的内容不变也不入栈，函数返回之前将被保护的工作寄存器组出栈。

提示：（1）使用 using 可缩减中断服务函数的入栈操作时间，因此可以使中断得到更及时的处理；但使用 using 要十分小心，要保证寄存器组切换在所控制的区域内，否则会导致错误。

（2）中断服务函数的编写包括两部分：中断源的初始化部分和中断服务函数。概括地说，中断源初始化部分就是对中断源所需要的一些变量和寄存器进行设置；而中断服务函数就是规定系统在发生相应的中断的时候要执行哪些操作。

（3）中断服务函数的调用过程与一般函数调用相似，但一般函数是程序中事先安排好的；而何时调用中断函数事先无法确定，调用中断函数的过程是由硬件自动完成的。

下面分别通过实例 5-4 介绍外部中断服务函数的编写方法。

【实例 5-4】   电路图如图 5-7 所示，P1.3 外接一个扬声器，试编程实现：当 P3.3（外部中断 1 输入引脚）变为低电平时，扬声器发声。

源程序清单如下：

```
#include < reg51. h >
sbit p13 = P1^3;
void isr_int( );
void main( )
{
    IT1 = 0;EA = 1;EX1 = 1;p13 = 1;
    while(1);
}
void isr_int( ) interrupt 2        //外部中断 1 中断号为 2
{
    int i;
```

```
            p13 = ~ p13;
            for(i = 1000;i > 0;i -- );
        }
```

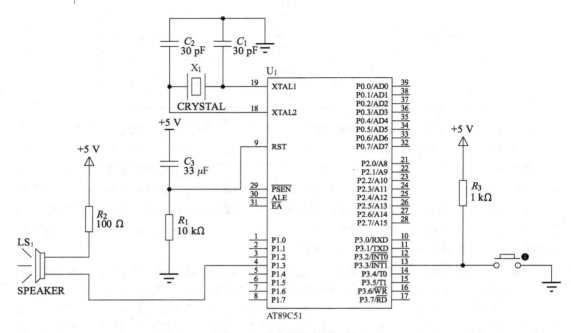

图 5-7　扬声器控制电路图

🔧 **小 技 巧**

（1）要使扬声器发声，必须采用低电平触发，使按键按下时，P3.3 为低电平则不断响应中断。

（2）主函数主要完成中断的初始化工作：① 开中断总开关；② 开中断源允许相应位；③ 各中断源优先级设定；④ 外部中断请求的触发方式。

案例6　中断计数应用案例

要求在 P3.2 接一个按钮，P2 口接两个 BCD 数码管，每按一次按钮数码管加 1（按下按钮次数不超过 99 次）。

1. 硬件设计（图 5-8）

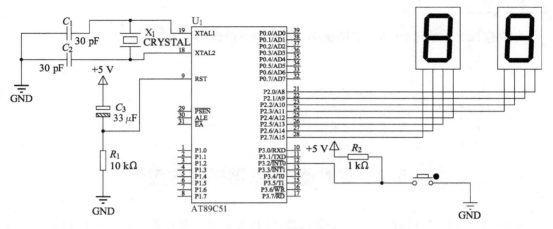

图 5-8 中断计数电路图

2. 软件设计

```
#include < reg51. h >
unsigned char a;
void isr_int( );
x(unsigned char b);
void main( )
{
    IT0 = 1;
    EX0 = 1;
    EA = 1;
    a = 0;
    while(1){P2 = x(a);}
}
void isr_int( ) interrupt 0
{
    a ++;
    if(a == 100) a = 0;
}
x(unsigned char b)
{
    unsigned char c,d,e;
    c = b/10;
    d = b%10;
    e = c << 4|d;
    return(e);
}
```

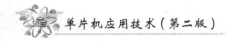

能力拓展

如果按钮次数超过 99 次，也能正确显示，如何改进？

5.2 定时器/计数器原理与应用

MCS-51 系列单片机有两个 16 位定时器/计数器，可实现编程定时，通过对系统时钟脉冲计数而获得延时，通过对外部脉冲计数实现计数功能，其优点如下：

（1）可实现定时、计数功能，有利于实时控制。

（2）不占用 CPU 时间。

（3）定时精度高，修改方便。

5.2.1 定时器/计数器的组成

定时器/计数器由 TH0、TL0、TH1、TL1 以及 TMOD、TCON 几个专用寄存器组成。由图 5-9 可知，两个 16 位定时器/计数器分别由两个 8 位特殊功能寄存器组成，即 T1 由 TH1、TL1 组成，T0 由 TH0、TL0 组成。每个定时器均可设置为定时器模式或计数器模式；在这两种模式下，又可单独设定为方式 0、方式 1、方式 2、方式 3 四种工作方式。T0 和 T1 的工作状态主要由定时器/计数器的工作方式、寄存器 TMOD 及控制寄存器 TCON 的各位决定。其中，TMOD 用于控制和确定定时器/计数器的功能和工作方式；TCON 用于控制定时器/计数器 T0、T1 的启动和停止。这两个特殊功能寄存器的内容都是通过软件设置的，系统复位时，TMOD 和 TCON 都被系统清零。

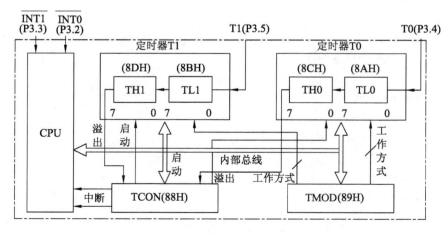

图 5-9 定时器/计数器的组成框图

定时器/计数器的核心是一个 16 位的加法计数器，当启动后，就开始从设定的计数初始值开始加 1 计数，寄存器计数计满后归零，并自动产生溢出中断请求。计数的脉冲来源有两个，一个由系统振荡器的 12 分频产生，另一个由外部脉冲信号产生。当 $C/\overline{T} = 0$ 时，定时器/计数器工作在定时器方式，输入的脉冲是由晶体振荡器的输出经 12 分频后得到的，频率为晶振频率的 1/12。此时，定时器可看成对内部机器周期进行计数（因一个机器周期有 12 个振荡周期），即每经过一个机器周期计数器加 1，一直到计数满为止。从开始计数到计数满所用的时间为定时时间，显然，定时时间与振荡器的频率有关，如图 5-10 所示。

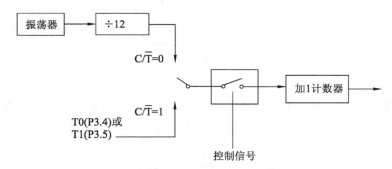

图 5-10　定时器/计数器核心原理图

当 $C/\overline{T} = 1$ 时，定时器/计数器工作在计数器方式，对芯片引脚 T0（P3.4）或 T1（P3.5）上输入的外部脉冲进行计数。当外部脉冲每出现一次从 1 到 0 的负跳变（或称下降沿）时，计数器加 1，在每个机器周期 S5P2 期间计数器采样外部引脚输入电平，当一个机器周期采样到一个高电平，在下一个机器周期采样到一个低电平时，则计数器加 1。由于识别一个从 1 到 0 的负跳变需要两个机器周期（24 个振荡周期），所以对外部的输入信号，最高的计数频率为晶振频率的 1/24。另外，为了确保某个电平至少被采样一次，同时要求外部输入信号的每一个高电平或低电平的保持时间至少为一个完整的机器周期。

初值 X 的计算方法（设最大值为 M，计数值为 N，初值为 X，机器周期为 Tcy = 12/晶振频率）：

定时状态初值　　$X = M -$ 定时时间/Tcy

计数状态初值　　$X = M - N$

2. 工作方式寄存器 TMOD

工作方式寄存器 TMOD 用来控制 T0 和 T1 的工作方式，高 4 位定义定时器 T1，低 4 位定义定时器 T0。TMOD 的地址是 89H，不能位寻址，里面的内容被称为方式控制字，设置时必须通过 CPU 的字节传送指令一次写入。复位时，TMOD 各位均为 0，各位功能如图 5-11 所示。

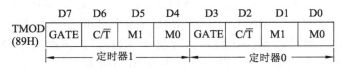

图 5-11　TMOD 各位定义

（1）M1 和 M0 工作方式选择位：两位可组合成 4 种编码，分别对应 4 种工作方式，如表 5-3 所示。

表 5-3　工作方式选择位

M1	M0	工作方式	说　明
0	0	0	13 位计数器（TH 的高 8 位和 TL 的低 5 位）
0	1	1	16 位计数器
1	0	2	自动重装载初值的 8 位计数器
1	1	3	定时器 0：分成两个独立的 8 位计数器 定时器 1：无中断的 8 位计数器

（2）$C/\overline{T}$功能选择位：当 $C/\overline{T}=0$ 时，为定时器工作方式；当 $C/\overline{T}=1$ 时，为计数器工作方式。

（3）GATE 门控位：当 GATE = 0 时，允许软件控制位 TR0 或 TR1 启动定时器开始工作，只要使 TCON 中的 TR0（或 TR1）置 1，就可启动定时器 T0（或 T1）工作。

当 GATE = 1 时，定时器的启动受外中断引脚（INT0、INT1）的控制，即当 INT0（P3.2）或 INT1（P3.3）引脚为高电平且 TR0 或 TR1 置 1 时，才能启动定时器开始工作。这种方式主要用来测量外部脉冲的宽度。

3. 控制寄存器 TCON

特殊功能寄存器 TCON 用于控制定时器的启动/停止以及标志定时器的溢出中断申请，TCON 的地址是 88H，既可进行字节寻址又可进行位寻址。复位时所有位被清零，TCON 各位的功能如下：

（MSB）8FH	8EH	8DH	8CH	8BH	8AH	89H	8H（LSB）
TF1	TR1	TF0	TR0	IE1	IT1	IE0	IT0

（1）TF1：定时器 1 溢出标志。定时器 1 溢出时硬件自动将此位置 1，并申请中断。进入中断服务程序后，硬件自动会将此位清 0；在查询方式下必须用软件清零。

（2）TR1：定时器 1 的运行控制位。由软件置 1 或清 0 来启动或关闭定时器 1。

（3）TF0：定时器 0 溢出标志位。其功能和操作情况同 TF1。

（4）TR0：定时器 0 运行控制位。其功能和操作情况同 TR1。

5.2.2　定时器/计数器的工作方式应用

1. 工作方式 0 应用

当 M1 和 M0 两位为 00 时，定时器选定为方式 0 工作。工作方式 0 是 13 位的计数器结构，如图 5-12 所示。其 13 位计数器由 TH0 和 TL0 的低 5 位构成，其中 TL0 中的高 3 位不用。

当 GATE = 0 时，只要 TCON 中的 TR0 为 1，TL0 和 TH0 组成的 13 位计数器就开始计数；当 GATE = 1 时，计数器是否计数不仅取决于 TR0 = 1，还取决于 INT0 引脚的情况，计数器要等到 INT0 引脚高电平才开始工作，当 INT0 引脚变为低电平时立即停止计数，显然这种情况适合于测量外部脉冲宽度的情况。

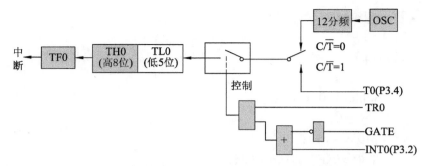

图 5-12　定时器/计数器 T0 工作方式 0 的逻辑结构

当 $C/\overline{T}=0$ 时，控制开关接通内部振荡器的 12 分频输出，此时 T0 就是对机器周期进行计数，即作为定时器使用。定时时间为

$$T = (2^{13} - T0 \text{ 的初值}) * Tcy$$

当 $C/\overline{T}=1$ 时，控制开关接通计数引脚（P3.4），此时，T0 就计数 P3.4 引脚上到来的脉冲个数，每检测到一个脉冲下降沿，就加 1，即它作为计数器使用。其计数的脉冲个数为

$$S = 2^{13} - T0 \text{ 的初值}$$

当 TL0 的低 5 位计满溢出时，向 TH0 进位，当计数器的值全为"1"时，下次的增 1 计数将使计数器复位为全"0"。此时，TH0 溢出使中断标志位 TF0 置为"1"，并申请中断。当中断被禁止时（ET0 = 0），可通过查询 TF0 位是否置位来判断 T0 是否计数结束。若要使 T0 再次计数，CPU 必须在中断服务程序或程序的其他位置重新装入初值。

【实例 5-5】　已知单片机晶振频率为 6 MHz，试编程利用 T0 的方式 0 在 P1.0 引脚输出周期为 500 μs 的方波。

解　（1）TMOD 初始化：00H（T0 定时方式，方式 0）。

（2）计数初值：

计数初值 $= 2^{13} -$ 欲计数脉冲数 $= 2^{13} - \Delta T / T_{cy} = 2^{13} - 250/2 = 1F83H$
$\qquad = 0001111110000011$（产生周期为 500 μs 的方波，应定时 250 μs）

选取后 13 位，二进制数表示为 1111110000011。用十六进制数表示，高 8 位为 FCH，放入 TH0，即 TH0 = FCH；低 5 位为 03H，放入 TL0，即 TL0 = 03H。

提示： 定时器初始化编程的步骤如下：

（1）向 TMOD 寄存器中写入工作方式控制字。

（2）向定时器/计数器 TH0、TL0（或 TH1、TL1）装入初值。

（3）启动定时器/计数器（置位 TR0/TR1）。

（4）如采用中断方式，置位 ET0（ET1）、EA、IP 等中断寄存器。

采用查询方式时编写程序如下：

```
#include < reg51. h >
sbit p10 = P1^0;
main()
{
    TMOD = 0;
    TH0 = 0xFC;
```

```
            TL0 = 0x03;
            TR0 = 1;
            while(1)
            {
                    while(TF0 == 0);
                    TF0 = 0;
                    p10 = ~ p10;
                    TH0 = 0xFC;TL0 = 0x03;
            }
        }
```

采用中断方式时编写程序如下：

```
    #include < reg51. h >
    sbit p10 = P1^0;
    void isr_time0( );
    void main( )
    {
        TMOD = 0x00;
        TH0 = 0xFC;
        TL0 = 0x03;
        TR0 = 1;
        EA = 1,ET0 = 1;
        while(1)
        {    }
    }
    void isr_time0( ) interrupt 1
    {
        p10 = ~ p10;
        TH0 = 0xFC;TL0 = 0x03;
    }
```

⏱ 小 技 巧

定时器 T0、T1 在方式 0 时计数器为 13 位。其中 TL0（TL1） 是低 5 位，高 8 位存放在 TH0（TH1） 中，在计算计数初值时务必注意。因此本例中，计数初值不应为 TH0 = 1FH，TL0 = 83H，注意选取相应的位。

【实例 5-6】　单片机晶振频率为 12 MHz，试编程利用 T0 的方式 0 实现 1 s 延时，每隔 1 s 使P1.0引脚翻转一次。

解：（1）TMOD 初始化：00H。

（2）计数初值如下：

定时方式0　Tmax = 8192 × 1 μs = 8.192 ms；取 5 ms。

1 s 延时实现：5 ms 计数 200 次。

T0 的初值 = 2^{13} − 5000 μs/1 μs = 3192 = 0C78H = 0000110001111000B

因此 TH0 = 63H，TL0 = 18H。

周期 2 s 方波的程序如下：

```
#include < reg51. h >
sbit p10 = P1^0;
void isr_time1( );
unsigned char counter = 200;
void main( )
{
    TMOD = 0x00;
    TH0 = 0x63;
    TL0 = 0x18;
    TR0 = 1;
    EA = 1;ET0 = 1;
    while(1)
    {   }
}
void isr_time1( ) interrupt 1
{
    counter − − ;
    if( counter = = 0){ p10 = ~ p10;counter = 200;}
    TH0 = 0x63;TL0 = 0x18;
}
```

2. 工作方式1应用

工作方式 1 和工作方式 0 基本相同，只是工作方式 1 的加法计数器由 16 位计数器组成，高 8 位为 TH0，低 8 位为 TL0。因此，工作方式 0 所能完成的功能，工作方式 1 都可以实现。M1M0 = 01 时有：

T0 作为定时器 TMOD = 00000001 = 01H；

T0 作为计数器 TMOD = 00000101 = 05H。

【实例 5-7】　试编程利用 T0 的方式 1，完成实例 5-5 的功能（即在 P1.0 的引脚输出周期为 500 μs 的方波）。

解：（1）TMOD 初始化：01H。

（2）计数初值：

$$计数初值 = 2^{16} − 欲计数脉冲 = 2^{16} − \Delta T/T_{cy}$$

$$= 2^{16} − 250/2$$

$$= 65411 = FF83H$$

因此 TH0 = 0FFH，TL0 = 83H。

（3）TCON 初始化：TR0 = 1。

（4）开中断：EA = 1；ET0 = 1。

```
#include < reg51. h >
sbit p10 = P1^0;
void main( )
{
    TMOD = 0x01;
    TH0 = - 125 >>8;
    TL0 = - 125;
    TR0 = 1;
    EA = 1;ET0 = 1;
    while(1);
}
void isr_time0( ) interrupt 1
{
    p10 = ~ p10;
    TH0 = - 125 >>8;TL0 = - 125;
}
```

小技巧

在实际应用中，利用 C51 编程时，计数初值可以直接用如下方法表示：

TH0 = - 125 >>8;   //取计数初值的高 8 位(0FFH)

TL0 = - 125;   //自动取计数初值的低 8 位(83H)

3. 工作方式 2 应用

工作方式 2 使定时器/计数器作为能自动重置初始值的 8 位计数器逻辑图，如图 5-13 所示。

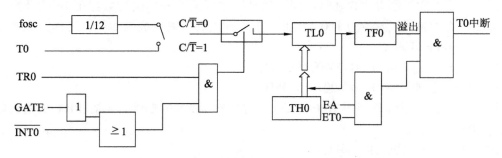

图 5-13　定时器/计数器 T0 工作方式 2 的逻辑结构

只有 TL0 作为 8 位加法计数器，TH0 不参与计数，用于重置初始值的常数缓冲器。当 TL0 产生溢出时，一方面使标志 TF0 置 1，同时把 TH0 中的 8 位数据重新装入 TL0 中。也就是说，工作方式 2 自动加载初值的功能是以牺牲定时器 1 计数范围为代价的。定时时间为

$$T = (2^8 - T0 \text{ 的初值}) * Tcy$$

其计数的脉冲个数为

$$S = 2^8 - T0 \text{ 的初值}$$

【实例5-8】 已知系统晶振12 MHz，试编程，用定时器0的工作方式2实现在P1.0产生周期为500 μs的方波。

解： TMOD初始化：02H。

TH0作为定时器，定时时间250 μs（每250 μs让P1.0翻转一次），初值$2^8 - 250 = 06$H。

TL0初值也是06H。

```
#include < reg51. h >
sbit p10 = P1^0;
void main( )
{    TMOD = 2;
     TH0 = 0x06;
     TL0 = 0x06;
     TR0 = 1;EA = 1;ET0 = 1;
     while(1);
}
void isr_time0( ) interrupt 1
{
     p10 = ~ p10;
}
```

【实例5-9】 某啤酒自动生产线，每生产12瓶就需要执行装箱操作，将生产出的啤酒自动装箱，模拟电路图如图5-14所示，用单片机实现该控制要求。

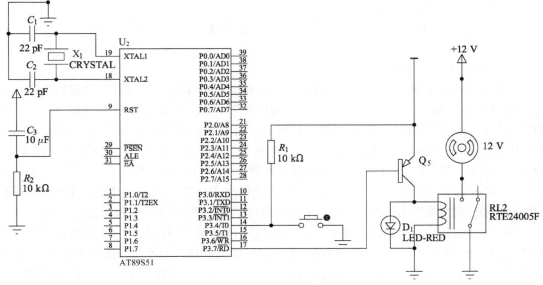

图5-14 啤酒自动生产线模拟电路

根据控制要求在啤酒生产线上安装传感装置，每检测到一瓶啤酒就向单片机发送一个脉冲信号（用按钮代替），这样使用计数功能就可实现该控制功能。

（1）设用 T0 的工作方式 2 来达到该目的，确定方式控制字时 C/$\overline{T}$ 应置 1，M1M0 = 10，所以 TMOD 应置为 06H。

（2）计数值为 12，则计数初值 = 2^8 − 12 = 244 = 0F4H。

编写程序清单如下：

```
#include < reg51. h >
sbit p37 = P3^7;
void main( )
{
    TMOD = 0x06;
    TH0 = 0xF4;
    TL0 = 0xF4;
    TR0 = 1;
    p37 = 1;
    ET0 = 1;EA = 1;
    while(1);
}
void isr_time( ) interrupt 1
{
    //以下程序段模拟啤酒自动装箱
    int i,time = 600;
    p37 = 0;                       //驱动电动机转动
    while( time −− )               //假设装箱时间是固定的
        for( i = 500;i > 0;i −− );
    p37 = 1;                       //装箱结束,电动机停止转动
}
```

4. 工作方式 3 简单介绍

工作方式 3 对于 T0 和 T1 是不相同的，只有 T0 才有工作方式 3；若 T1 设置为工作方式 3，则不能申请中断。在工作方式 3 时，T0 被分成两个独立的 8 位计数器 TL0 和 TH0，如图 5-15 所示。其中 TL0 仍然使用 T0 的各控制位、引脚和溢出标志，即 C/$\overline{T}$、GATE、TR0、TF0 和 T0(P3.4) 引脚、INT0(P3.2) 引脚。除计数位数不同于方式 0、方式 1 外，其功能、操作与方式 0、方式 1 完全相同，可定时也可计数。而 TH0 占用定时器 T1 的控制位 TF1 和 TR1，同时占用了定时器 1 的中断，其启动和关闭仅受 TR1 置 1 或清 0 控制。TH0 规定只能用作定时器，对机器周期计数；只能用于简单的内部定时，不可对外部脉冲进行计数。

T0 工作在方式 3 下，TH0 控制 T1 的中断，T1 的功能受到限制，它不能置位 TF1，也不再受 TR1 和 INT1 的限制。在这种情况下，定时器/计数器 T1 虽可以选择方式 0、方式 1 和方式 2，但由于 TR1 和 TF1 被 TH0 借用，故不能产生溢出中断请求；当计数器计满溢出时，只能将输出送往串行口。所以这种情况下，定时器 1 通常用作串行口波特率发生器或

用于不需要中断的场合。因定时器 1 的 TR1 被占用，因此其启动和关闭较为特殊，当设置好工作方式时，定时器 1 即自动开始运行。若要停止操作，只需送入一个设置定时器 1 为工作方式 3 的方式字即可。

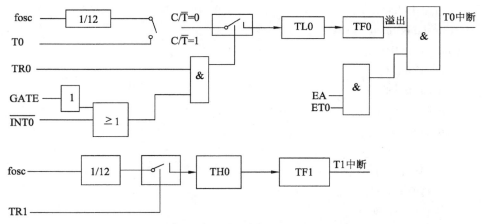

图 5-15　定时器/计数器 T0 工作方式 3 的逻辑结构

案例 7　秒表设计

要求设计一个 00—59 s 的电子秒表，具体要求如下：

（1）用两位 LED 数码管显示秒数，显示格式为秒（十位、个位），P2 口接两个 BCD 数码管。

（2）INT0（p3.2）、INT1（p3.3）、T1（p3.5）分别接一个按钮，分别为开始、停止、清 0 按钮。

1. 硬件设计（图 5-16）

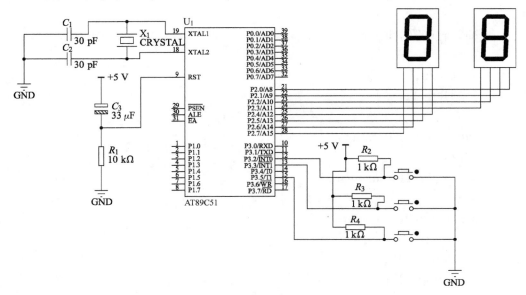

图 5-16　秒表电路图

2. 软件设计

程序如下：

```c
#include < reg51. h >
unsigned char a,b;
x( unsigned char i);
void isr_int0( );
void isr_int1( );
void isr_time0( );
void isr_time1( );
void main( )
{
        TMOD = 0x61;
        TH0 = 0x3C;
        TL0 = 0xB0;
        TH1 = 0xFF;
        TL1 = 0xFF;
        EA = 1;
        EX0 = 1;
        ET0 = 1;
        ET1 = 1;
        EX1 = 1;
        TR1 = 1;
        a = 0;
        while(1){P2 = x(a);}
}
void isr_int0( ) interrupt 0
{
        b = 20;
        TR0 = 1;
}
void isr_int1( ) interrupt 2
{TR0 = 0;}
void isr_time1( ) interrupt 3
{a = 0;}
void isr_time0( ) interrupt 1
{
        TH0 = 0x3C;
        TL0 = 0xB0;
        b -- ;
```

```
        if( b == 0 )
        {
            b = 20 ;
            a ++ ;
            if( a == 60 ) a = 0 ;
        }
    }
x( unsigned char i )
    {
        unsigned d , e , c ;
        d = i/10 ;
        e = i % 10 ;
        c = d << 4 | e ;
        return( c ) ;
    }
```

能力拓展

如何实现时钟？

练习题5

1. 连接电路如图5-17所示，P3.3（INT1）接按钮，P0.0～P0.7分别接一个发光二极管，现要求编写程序完成如下功能：当按钮按下一次（马上放开），让8个发光二极管轮流点亮一次（注意要延时）。

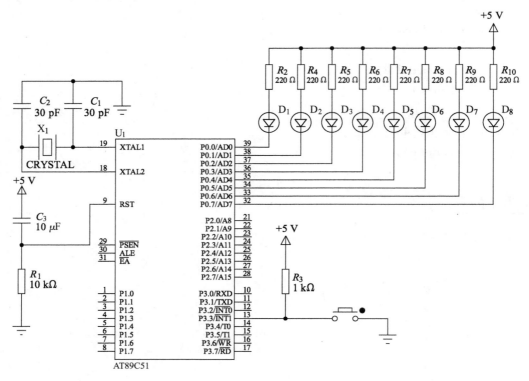

图 5-17　电路图

2. 连接电路如图5-18所示，P3.2（INT0）接按钮，P0.0～P0.7分别接一个发光二极管，现要求编写程序完成如下功能：当按钮按下时，让8个发光二极管循环地逐一点亮（流水灯）；当按钮放开时，则流水灯停止点亮。

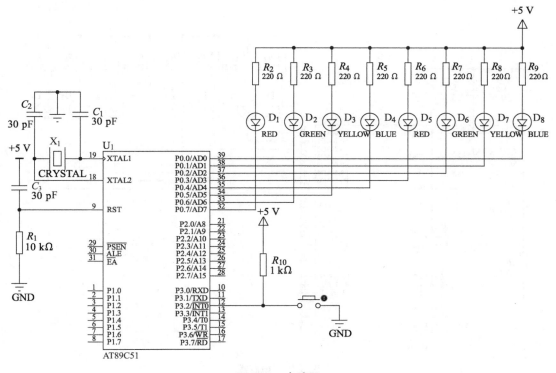

图 5-18 电路图

3. 连接电路如图 5-18 所示，P3.2(INT0) 接一按钮，P0.0 ~ P0.7 分别接一个发光二极管，现要求编写程序完成如下功能：当按钮按下时，让 8 个发光二极管不停地闪烁；当按钮放开时，则停止闪烁。

4. 连接电路如图 5-19 所示，P0.0 ~ P0.7 分别接一个发光二极管，现要求编写程序完成如下功能：让 8 个发光二极管循环地逐一点亮（流水灯），利用定时器使每个点亮间隔的时间为 0.5 s。

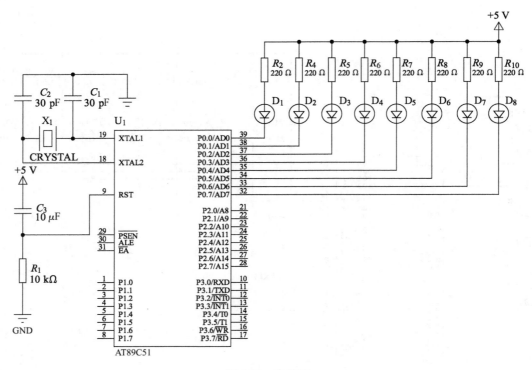

图 5-19　电路图

任务 6 双单片机通信计数器

知识重点：（1）字符帧格式与波特率。

（2）串行口结构。

（3）串行口控制寄存器。

（4）串行口的四种工作方式及波特率设置。

知识难点：串行口结构及应用。

教学方式：从任务入手，通过完成双单片机通信计数器这个任务，学生掌握串行口的结构以及应用。

6.1 串行通信的基础知识

1. 串行通信的概念

在计算机系统中，CPU 和外部通信有两种通信方式：并行通信和串行通信。

并行通信：数据的各位同时传输；串行通信：数据一位一位顺序传送。

图 6-1 为这两种通信方式的示意图。

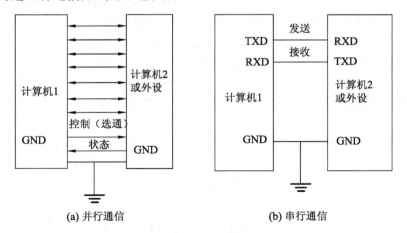

(a) 并行通信   (b) 串行通信

图 6-1 两种通信方式的示意图

（1）并行通信的特点。

① 各位数据同时传送，传送速度快，效率高。

② 有多少数据位就需要多少根数据线，因此传送成本高。

③ 并行数据传送的距离通常小于 30 m。

在集成电路芯片内部、同一插件版上各部件之间、同一箱内各插件版之间的数据传输都是并行的。

（2）串行通信的特点。

① 数据传送按位顺序进行，最少只需一根传输即可完成，成本低，速度慢。

② 串行数据传送距离可以从几米到几千米。

计算机与远程终端或终端与终端之间的数据传送通常都是串行的。

2. 串行通信的分类

按照串行数据的时钟控制方式，串行通信可分为同步通信和异步通信两类。

（1）同步通信。

同步通信格式中，发送器和接收器由同一个时钟源控制。在异步通信中，每传输一帧字符都必须加上起始位和停止位，占用了传输时间，若要求传送数据量较大，速度就会慢得多。同步传输方式去掉了这些起始位和停止位，只在传输数据块时先送出一个同步头（字符）标志即可，如图 6-2 所示。

同步字符 1	同步字符 2	数据 1	数据 2	…	数据 n	校验字符	校验字符

图 6-2　同步通信帧的格式

同步传输方式比异步传输方式速度快，这是它的优势。但同步传输方式也有其缺点，即它必须要用一个时钟来协调收发器的工作，所以它的设备也较复杂。

（2）异步通信。

在这种通信方式中，接收器和发送器有各自的时钟，它们的工作是非同步的。异步通信用一帧来表示一个字符，其内容是一个起始位，紧接着是若干个数据位，加 1 位停止位。

在异步通信中，数据通常是以字符为单位组成字符帧传送的。字符帧由发送端一帧一帧地发送，每一帧数据是低位在前高位在后，通过传输线被接收端一帧一帧地接收。发送端和接收端可以由各自独立的时钟来控制数据的发送和接收，这两个时钟彼此独立，互不同步。字符帧和波特率是异步通信的两个重要指标。

① 字符帧。

字符帧也叫数据帧，由起始位、数据位、奇偶校验位和停止位四部分组成，如图 6-3 所示。

起始位：位于字符帧开头，只占一位，为逻辑 0 低电平，用于向接收设备表示发送端开始发送一帧信息。

数据位：紧跟起始位之后，用户根据情况可取 5 位、6 位、7 位或 8 位，低位在前、高位在后。

奇偶校验位：位于数据位之后，仅占一位，用来表征串行通信中采用奇校验还是偶校验，由用户决定。

停止位：位于字符帧最后，为逻辑 1 高电平。通常可取 1 位、1.5 位或 2 位，用于向接收端表示一帧字符信息已经发送完，也为发送下一帧做准备。

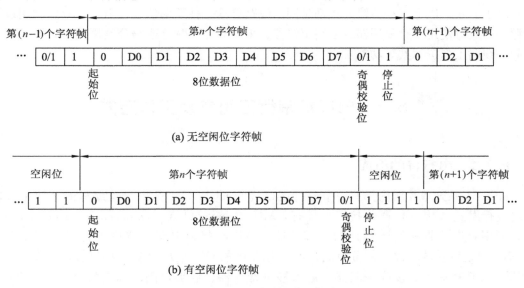

(a) 无空闲位字符帧

(b) 有空闲位字符帧

图 6-3　异步通信的字符帧格式

在串行通信中，两相邻字符帧之间可以没有空闲位，也可以有若干空闲位，这由用户来决定。图 6-3(b) 表示有 3 个空闲位的字符帧格式。

② 波特率。

波特率为每秒传送二进制数码的位数，也叫比特率，单位为 bit/s，即为比特/秒。

波特率用于表征数据传输的速度，波特率越高，数据传输速率越快。但波特率和字符的实际传输速率不同，字符的实际传输速率是每秒内所传字符帧的帧数，和字符帧格式有关。

异步通信的优点是不需要传送同步时钟，字符帧长度不受限制，故设备简单。缺点是字符帧中因包含起始位和停止位，从而降低了有效数据的传输速率。

3. 串行通信的传输方式

常用于串行通信的传输方式有单工、半双工、全双工和多工方式，如图 6-4 所示。

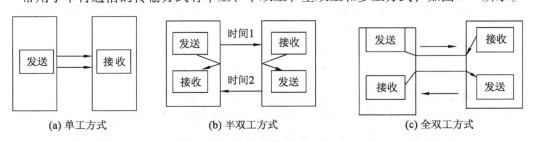

(a) 单工方式　　　　(b) 半双工方式　　　　(c) 全双工方式

图 6-4　串行通信的传输方式

单工方式：数据仅按一个固定方向传送。因而这种传输方式的用途有限，常用于串行口的打印数据传输与简单系统间的数据采集。

半双工方式：数据可实现双向传送，但不能同时进行，实际的应用采用某种协议实现收/发开关转换。

全双工方式：允许双方同时进行数据双向传送，但一般全双工传输方式的线路和设备较复杂。

多工方式：以上三种传输方式都是同一线路传输一种频率信号，为了充分地利用线路资源，可通过使用多路复用器或多路集线器，采用频分、时分或码分复用技术，即可实现在同一线路上的资源共享功能。

6.2　单片机串行口组成及工作方式

6.2.1　串行口的组成

MCS-51 系列单片机内部有一个串行接口（Serial Port），是一个可编程的全双工（能同时进行发送和接收）通信接口，具有 UART（Universal Asynchronous Receiver Transmitter，通用异步接收和发送器）的全部功能。该串行接口电路主要由串行口控制寄存器 SCON、发送和接收电路三部分组成，具体由两个物理上独立的串行数据发送/接收缓冲器 SBUF、发送控制器、接收控制器、输入移位寄存器、输出控制门和波特率发生器 T1 组成，如图 6-5 所示。

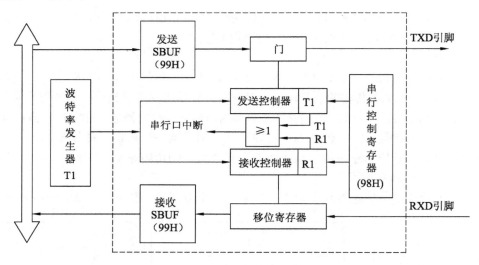

图 6-5　串行口内部结构

单片机通过引脚 P3.0（RXD，串行数据接收端）和引脚 P3.1（TXD，串行数据发送端）与外界通信。串行口的通信操作体现为累加器 A 与发送/接收缓冲器 SBUF 间的数据传送操作。当对串行口完成初始化操作后，要发送数据时，待发送的数据由 A 送入 SBUF 中，在发送控制器控制下组成帧结构，并且自动以串行方式发送到 TXD 端，在发送完毕后置位 TI。如果要继续发送，在指令中将 TI 清零；接收数据时，置位接收允许位才开始串行接收操作，在接收控制器的控制下，通过移位寄存器将接收端 RXD 的串行数据送入 SBUF 中。

1. 数据缓冲器 SBUF

在物理上有两个 SBUF：一个发送寄存器 SBUF、一个接收寄存器 SBUF，二者共用一个地址 99H 和相同的名称 SBUF。一个只能被 CPU 读、一个只能被 CPU 写。发送时，CPU

写入的是发送 SBUF；接收时，读取的是接收 SBUF。接收寄存器是双缓冲的，以避免在接收下一帧数据之前，CPU 未能及时响应接收器的中断，没有把上一帧数据读走，而产生两帧数据重叠的问题。

2. 控制寄存器 SCON

SCON 是一个特殊功能寄存器，用于设定串行口的工作方式、实施接收/发送控制及状态标志。字节地址为 98H，可位寻址，其各位定义如图 6-6 所示。

（MSB）D7	D6	D5	D4	D3	D2	D1	D0（LSB）
SM0	SM1	SM2	REN	TB8	RB8	TI	RI

图 6-6　SCON 的定义

（1）SM0、SM1 为串行口工作方式选择位，其详细定义如表 6-1 所示。

表 6-1　SM0、SM1 的定义

SM0	SM1	工作方式	功能描述	波特率
0	0	方式 0	8 位同步移位寄存器	固定为 $f_{osc}/12$
0	1	方式 1	10 位异步收发 UART	可变，由定时器 T1 控制
1	0	方式 2	11 位异步收发 UART	固定为 $f_{osc}/64$ 或 $f_{osc}/32$
1	1	方式 3	11 位异步收发 UART	可变，由定时器 T1 控制

（2）SM2：多机通信控制位，主要用于工作方式 2 和方式 3。在方式 2 和方式 3 中，若 SM2 = 1，则允许多机通信，当接收到的第 9 位数据 RB8 = 0 时不启动接收中断标志 RI（即 RI = 0），并且将接收到的前 8 位数据丢弃；当 RB8 = 1 时，才将接收到的前 8 位数据送入 SBUF，并置位 RI 产生中断请求。当 SM2 = 0 时，则不论第 9 位数据为 0 或 1，都将前 8 位数据装入 SBUF 中，并产生中断请求。

在方式 0 和方式 1 下不能进行多机通信，SM2 必须置 0。

（3）REN：接收允许控制位。由软件置位（REN = 1），则启动串行接口接收数据；由软件清 0（REN = 0）时，禁止接收。

（4）TB8：在方式 2 或方式 3 中表示要发送数据的第 9 位。根据需要由软件置 1 或清 0，在多机通信中，TB8 作为区别地址帧或数据帧的标志位。TB8 = 1 表示主机发送的是地址，TB8 = 0 表示主机发送的是数据。

（5）RB8：在方式 2 和方式 3 中接收到的数据的第 9 位。在方式 0 中不使用 RB8。在方式 1 中，若 SM2 = 0，RB8 为接收到的停止位。在方式 2 或方式 3 中，RB8 为接收到的第 9 位数据。

（6）TI：发送中断标志。方式 0 中在发送完第 8 位数据后由硬件置位（使 TI = 1）。其他方式中在发送停止位前，由硬件置位。TI 置位既表示一帧信息发送结束，同时也表示申请中断，可根据需要，用软件查询的方法获得数据已发送完毕的信息，或用中断的方式来发送下一个数据。当中断响应后，TI 必须在中断程序中通过软件对其进行清零。

（7）RI：接收中断标志位。方式 0 中在接收完第 8 位数据后由硬件置位。其他方式中在接收到停止位的中间时刻由硬件置位（例外情况见 SM2 的说明）。RI 置位表示一帧数据接收完毕，其状态可用软件查询的方法获知（查询法），也可用中断的方法获知（中断法）。RI 也必须在中断服务程序中通过软件对其清零。

3. 电源控制寄存器 PCON

PCON 是一个特殊功能寄存器，如图 6-7 所示，字节地址为 87H，不能位寻址，在对其进行初始化时须用字节传送指令。PCON 是为了在 CHMOS 结构的 MCS-51 系列单片机上实现电源控制而附加的，只有一位（最高位）SMOD 与串行口的工作有关，即串行口波特率系数控制位 SMOD（倍增位），对于 HMOS 结构的 MCS-51 系列单片机，除了 D7 位外，其余都是虚设的。当串行口工作在方式 0、方式 1 和方式 3 时，串行通信的波特率与 2^{SMOD} 成正比，即当 SMOD = 1 时，波特率加倍，否则不加倍。当系统复位时，SMOD = 0。

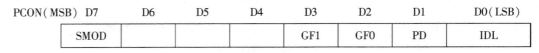

PCON(MSB) D7	D6	D5	D4	D3	D2	D1	D0(LSB)
SMOD				GF1	GF0	PD	IDL

图 6-7　PCON 各位的定义

6.2.2　串行口的工作方式介绍

MCS-51 单片机的串行口有方式 0、方式 1、方式 2 和方式 3 四种工作方式。下面分别介绍。

1. 方式 0

当设定 SM1、SM0 为 00 时，串行口工作于方式 0，它又叫同步移位寄存器输出方式。在方式 0 下，数据从 RXD（P3.0）端串行输出或输入，同步信号从 TXD（P3.1）端输出，发送或接收的数据为 8 位，低位在前、高位在后，没有起始位和停止位。数据传输率固定为振荡器频率的 1/12，也就是每一机器周期传送一位数据。方式 0 可以外接移位寄存器，将串行口扩展为并行口，也可以外接同步输入/输出设备。执行任何一条以 SBUF 为目的的寄存器指令，就开始发送。

在串行口方式 0 下工作并非是一种同步通信方式。它的主要用途是和外部同步移位寄存器外接，以达到扩展并行 I/O 口的目的。

2. 方式 1

当设定 SM1、SM0 为 01 时，串行口工作于方式 1。方式 1 为数据传输率可变的 8 位异步通信方式，由 TXD 发送，RXD 接收，一帧数据为 10 位：1 位起始位（低电平）、8 位数据位（低位在前）和 1 位停止位（高电平）。数据传输率取决于定时器 1 或 2 的溢出速率（1/溢出周期）和数据传输率是否加倍的选择位 SMOD。

对于有定时/计数器 2 的单片机，当 T2CON 寄存器中 RCLK 和 TCLK 置位时，用定时器 2 作为接收和发送的数据传输率发生器；当 RCLK = TCLK = 0 时，用定时器 1 作为接收和发送的数据传输率发生器。两者还可以交叉使用，即发送和接收采用不同的数据传输率。类似于模式 0，发送过程是由执行任何一条以 SBUF 为目的的寄存器指令引起的。

3. 方式 2

当设定 SM0、SM1 两位为 10 时，串行口工作于方式 2，此时串行口被定义为 9 位异步通信接口。采用这种方式可接收或发送 11 位数据，以 11 位为一帧，比方式 1 增加了一个数据位，其余相同。第 9 个数据即 D8 位用于奇偶校验或地址/数据选择，可以通过软件来控制它，再加特殊功能寄存器 SCON 中的 SM2 位的配合，可使 MCS-51 单片机串行口适用于多机通信。发送时，第 9 位数据为 TB8；接收时，第 9 位数据送入 RB8，方式 2 的数据传输率固定，只有两种选择，即为振荡率的 1/64 或 1/32，可由 PCON 的最高位选择。

4. 方式 3

当设定 SM0、SM1 两位为 11 时，串行口工作于方式 3。方式 3 与方式 2 类似，唯一的区别是方式 3 的数据传输率是可变的，而帧格式与方式 2 一样为 11 位一帧，所以方式 3 也适用于多机通信。

6.3 串行通信的波特率介绍

在串行通信中，收发双方对传送的数据速率即波特率要有一定的约定。串行口每秒发送（或接收）的位数就是波特率。MCS-51 单片机的串行口通过编程可以有四种工作方式。其中方式 0 和方式 2 的波特率是固定的，方式 1 和方式 3 的波特率可变，由定时器 T1 的溢出率决定，下面加以具体分析。

方式 0 和方式 2：在方式 0 中，波特率为时钟频率的 1/12，即 $f_{osc}/12$，固定不变。

在方式 2 中，波特率取决于 PCON 中的 SMOD 值，当 SMOD = 0 时，波特率为 $f_{osc}/64$，当 SMOD = 1 时波特率为 $f_{osc}/32$，即波特率 = 2^SMOD/64 * f_{osc}。

方式 1 和方式 3：在方式 1 和方式 3 下，波特率由定时器 T1 的溢出率和 SMOD 共同决定，即：方式 1 和方式 3 的波特率 = 2^SMOD/32 * T1 溢出率。其中 T1 溢出率取决于单片机定时器 T1 的计数速率和定时器预置值。计数速率与 TMOD 寄存器中的 C/T 位有关，当 C/T = 0 时，计数速率为 $f_{moc}/12$；当 C/T = 1 时，计数速率为外部输入脉冲时钟频率。

实际上，当定时器 T1 作为波特率发生器使用时，通常工作在模式 2，即为可自动重装载的 8 位定时器，此时 TL1 作计数用，自动重装载的值在 TH1 内。设计数的预置值（初始值）为 X，那么每过 256 - X 个机器周期，定时器溢出一次。为了避免溢出而产生不必要的中断，此时应禁止 T1 中断。溢出率为溢出周期的倒数，所以

$$T1 溢出率 = 单位时间内溢出次数 = T1 的定时时间 = 1/t$$

而 T1 的定时时间 t 就是 T1 溢出一次所用的时间。在此情况下，一般设 T1 工作在模式 2（8 位自动重装初值）。

$$N = 2^8 - t/T, t = (2^8 - N) * T = (2^8 - N) * 12/f_{osc}$$
$$T1 溢出率 = 1/t = f_{osc}/12 * (2^8 - N)$$
$$波特率 = 2^{SMOD}/32 * f_{osc}/12 * (256 - N)$$

其中 t 为定时时间，T 为机器周期，N 为初值（TH1）。

【实例 6-1】 若已知波特率为 4800 b/s，则可求出 T1 的计数初值：

$$N = 256 - \frac{\dfrac{2^{SMOD}}{32} \times \dfrac{f_{osc}}{12}}{波特率} = 256 - \frac{\dfrac{1}{16} \times \dfrac{11.0592 \times 10^6}{12}}{4800} = F4H$$

表 6-2 列出了各种常用的波特率及获得办法。

表 6-2　定时器 T1 产生的常用波特率

串口模式	波特率	f	SMOD	定时器 T1		
				C/T	模式	初始值
方式 0	1 Mb/s	12 MHz	X	X	X	X
方式 2	375 kb/s	12 MHz	1	X	X	X
方式 1 或 方式 3	62.5 kb/s	12 MHz	1	0	2	FFH
	19.2 kb/s	11.059 MHz	1	0	2	FDH
	9.6 kb/s	11.059 MHz	0	0	2	FDH
	4.8 kb/s	11.059 MHz	0	0	2	FAH
	2.4 kb/s	11.059 MHz	0	0	2	F4H
	1.2 kb/s	11.059 MHz	0	0	2	E8H
	137.5 kb/s	11.986 MHz	0	0	2	1DH
	110 kb/s	6 MHz	0	0	2	72H
	110 kb/s	12 MHz	0	0	1	FEEBH

6.4　串行口的应用举例

串行口须初始化后，才能完成数据的输入/输出。其初始化过程如下：

（1）按选定串行口的工作方式设定 SCON 的 SM0、SM1 两位二进制编码。

（2）对于工作方式 2 或 3，应根据需要在 TB8 中写入代发送的第 9 位数据。

（3）若选定的工作方式不是方式 0，还须设定接收/发送的波特率。设定 SMOD 的状态，以控制波特率是否加倍。若选定工作方式 1 或 3，则应对定时器 T1 进行初始化以设定其溢出率。

（4）如果用到中断的，还必须设定 IE 或 IP。

串行通信的编程有两种方式：查询方式和中断方式。值得注意的是，由于串行发送、接收标志硬件不能自动清除，所以不管是中断方式还是查询方式，编程时都必须用软件方式清除 TI、RI。

案例 8　用单片机的扩展口控制流水灯

连接电路如图 6-8 所示，用 AT89C51 单片机串行口外接 CD4094 扩展 8 位并行输出口，8 位并行口的各位都接一个发光二极管，要求发光二极管自左向右以一定速度依次显示，呈流水灯状态。

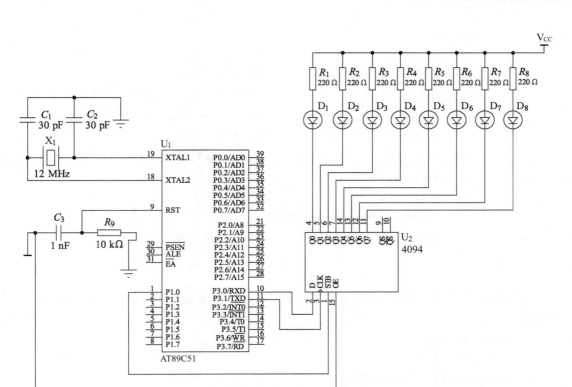

图 6-8 串口外接 CD4094 扩展 8 位输出口

CD4094 是一种 8 位串行输入并行输出的同步移位寄存器，采用 CMOS 工艺制成。CLK 为同步脉冲输入端；STB 为控制端，若 STB = 0，则 8 位并行数据输出端关闭，但允许串行数据从 DATA 输入；若 STB = 1，则 DATA 输入端关闭，但允许 8 位数据并行输出。

串行口方式 0 的数据传送可采用中断方式，也可采用查询方式；无论哪种方式，都要借助于 TI 或 RI 标志。串行发送时，可以靠 TI 置位（发完一帧数据后）引起中断申请，在中断服务程序中发送下一帧数据，或者通过查询 TI 的状态，只要 TI 为 0 就继续查询；TI 为 1 就结束查询，发送下一帧数据，在串行接收时，由 RI 引起中断或对 RI 查询来确定何时接收下一帧数据。无论采用什么方式，在开始通信之前，都要先对控制寄存器 SCON 进行初始化；在方式 0 中，将 00H 送 SCON 就可以了。

采用查询方式编写的程序如下：

```
#include < reg51. h >
sbit p10 = P1^0;
void main( )
{
    unsigned char sdata = 0xFE;
    int i;
    SCON = 0;              //串行口初始化为方式 0
    p10 = 0;               //关闭并行输出(避免传输过程中 LED 产
                           //生"暗红"现象)
```

```
        while(1)
        {
                SBUF = sdata;                    //开始串行输出
                while(TI == 0);                  //一个字节没有输出完则继续检测 TI
                TI = 0;                          //输出完,清 TI 标志,以备下次发送
                p10 = 1;                         //打开并行口输出
                for(i = 10000;i > 0;i -- );      //延时一段时间
                sdata <<= 1;                     //左移
                sdata |= 1;                      //最低位补 1
                if(sdata == 0xFF) sdata = 0xFE;
                p10 = 0;                         //关闭并行输出
        }
}
```

采用查询方式时,程序运行前应先关闭串口中断。本例也可采用中断方式,编写的程序如下:

```
#include < reg51. h >
sbit p10 = P1^0;
unsigned char sdata = 0xfe;
void main( )
{
    SCON = 0;p10 = 0;
    SBUF = sdata;
    EA = 1;ES = 1;
    while(1);
}
void isr_serial( ) interrupt 4
{
    int i;
    p10 = 1;
    for(i = 10000;i > 0;i -- );
    sdata <<= 1;
    sdata |= 1;
    if(sdata == 0xFF) sdata = 0xFE;
    p10 = 0;
    SBUF = sdata;TI = 0;
}
```

> **小 技 巧**
>
> 中断服务函数中要完成以下工作:
> (1) 输出8位数据(使某个灯亮)。
> (2) 延时。
> (3) 启动下一次发送(发送前要移位)。
> (4) 关闭输出。
> (5) 将TI清零。

提示:单片机利用串口传送数据时,也可采用查询和中断两种方式,无论哪种方式,都要借助于TI或RI标志。现以发送数据为例说明,串口发送数据时,当串口发送完一帧数据后将TI置1,向CPU申请中断,在中断服务程序中要用软件把TI清0,以便发送下一帧数据。采用查询方式时,CPU不断查询TI的状态,只要TI为0就继续查询,TI为1就结束查询;TI为1后也要及时用软件把TI清零,以便发送下一帧数据。RI也一样。

案例9　双单片机控制流水灯

用串行工作方式进行单片机之间的通信,连接电路如图6-9所示。两个AT89C51单片机通过串行口进行通信,设置U_1使用的晶振频率是11.059 2 MHz,U_2使用的晶振频率也是11.059 2 MHz,U_1的TXD接U_2的RXD,U_2的P0口连接8个发光二极管,要求由U_1向U_2发送数据,使8个发光二极管按从左到右逐一点亮,显示流水灯效果。

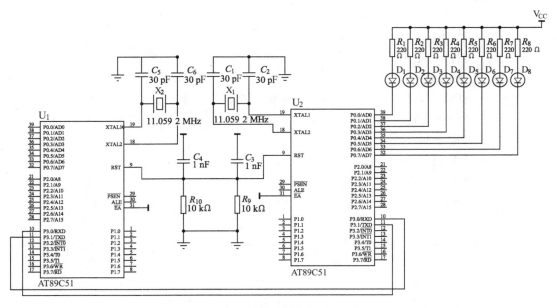

图6-9　双单片机控制流水灯电路图

1. 串行口初始化

串行口须初始化后，才能完成数据的输入、输出，其初始化过程如下：

（1）按选定串行口的工作方式设定 SCON 的 SM0、SM1 两位二进制编码，以及 SM2 和 REN。

（2）对于工作方式 2 或 3，应根据需要在 TB8 中写入待发送的第 9 位数据（地址为 1，数据为 0）。

（3）若选定的工作方式不是方式 0 或方式 2，还须设定接收/发送的波特率。

（4）设定 SMOD 的状态，以控制波特率是否加倍。

若选定工作方式 1 或 3，则应对定时器 T1 进行初始化以设定其溢出率。

2. 案例分析与程序

由于串行口通信时传输的"0"或者"1"是通过相对于"地"的电压区分的，因此使用串行口通信时，必须将双方的"地"线相连以使其具有相同的电压参考点。需要注意的是，异步通信时两个单片机的串行口波特率必须是一样的。U_1 使用的晶振频率是 11.059 2 MHz，U_2 使用的晶振频率也是 11.059 2 MHz。假设使用 1 200 bit/s 的波特率，使用串行工作方式 1，T1 使用自动装载的工作方式 2，则 U_1 的 TH1 初值应设为 E8H，U_2 的 TH1 初值应设为 E8H。

对应的程序完成如下功能：U_1 和 U_2 进行双工串行通信，U_1 给 U_2 循环发送流水灯控制字，U_2 收到控制字后送到 P0 口，点亮相应的发光二极管，双方都采用中断方式进行收发。

对 U_1 编写的程序如下：

```
#include < reg51. h >
unsigned char sdata = 0xFE;
void isr_ uart( );
void main( )
{
    TMOD = 0x20;
    TH1 = 0xE8;
    TL1 = 0xE8;
    SCON = 0x40;              //发送方不允许接收
    PCON = 0;
    TR1 = 1;
    EA = 1;ES = 1;
    SBUF = sdata;
    while(1);
}
void isr_ uart( ) interrupt 4
{
    sdata << = 1;
    sdata | = 1;
    if( sdata = = 0xFF) sdata = 0xFE;
    SBUF = sdata;TI = 0;
```

对 U_2 编写的程序如下：

```
#include < reg51. h >
unsigned char sdata;
void isr_ uart( );
void main( )
{
    TMOD = 0x20;
    TH1 = 0xE8;
    TLl = 0xE8;
    SCON = 0x50;          //接收方允许接收
    TR1 = 1;
    EA = 1;ES = 1;
    while( 1 );
}
void isr_ uart( ) interrupt 4
{
    RI = 0;sdata = SBUF;
    P0 = sdata;
}
```

案例 10   双单片机通信计数器

要求在一个单片机的$\overline{INT0}$（P3.2）接一按钮，另一个单片机的 P2 口接两位 BCD 数码
等，要求实现按一次按钮，另一个单片机所接数码管会加 1（按钮次数超过 99 会从零开始）。

1. 硬件设计（图 6-10）

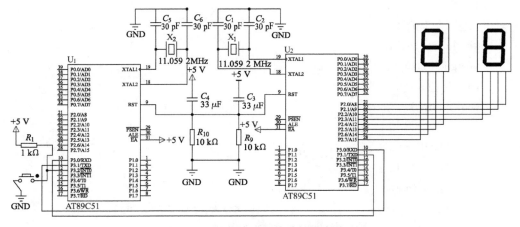

图 6-10   双单片机通信计数器电路图

2. 软件设计

对 U₁ 编写的程序如下：

```
#include < reg51. h >
unsigned char a = 0;
void isr_int0( );
void isr_uart( );
void main( )
{
    TMOD = 0x20;
    TH1 = 0xE8;
    TL1 = 0xE8;
    SCON = 0x40;                    //发送方串行口工作于方式 1
    PCON = 0;
    TR1 = 1;IT0 = 1;
    EA = 1;ES = 1;EX0 = 1;
    SBUF = a;
    while( 1 );
}
void isr_int0( )  interrupt 0
{
    a ++;
    if( a == 100 )  a = 0;
}
void isr_uart( )  interrupt 4
{
    SBUF = a;
    TI = 0;
}
```

对 U₂ 编写的程序如下：

```
#include < reg51. h >
unsigned char a;
void isr_uart( );
void main( )
{
    TMOD = 0x20;
    TH1 = 0xE8;
    TL1 = 0xE8;
    SCON = 0x50;                    //接收方串行口工作方式 1
    PCON = 0;
```

```
        TR1 = 1;
        EA = 1;ES = 1;
        while(1);
    }
x(unsigned char b)
    {
        unsigned char d,e,c;
        d = b/10;
        e = b %10;
        c = d <<4 | e;
        return(c);
    }
void isr_uart( ) interrupt 4
    {
        RI = 0;
        a = SBUF;
        P2 = x(a);
    }
```

能力拓展

双向传送，两边都有按钮和数码管，实现双向同时传送。

练习题6

1. 若晶振为 11.059 2 MHz，串行口工作于方式 1，波特率为 4 800 bit/s。写出用 T1 作为波特率发生器的方式控制字和计数初值。

2. 串行口工作方式 0，外接 CD4094 两片，每片 CS4094 分别接两个 BCD 数码管，(P3.2)接一按钮，编程实现每按一次按钮数码管显示数据加 1。

任务 7 单片机控制交通灯设计

知识重点：（1）LED 数码管的结构。

（2）数码管的静态显示、动态显示。

（3）数组定义与数组元素的引用。

（4）LED 点阵显示应用。

知识难点： LED 点阵显示。

教学方式： 从任务入手，通过案例，学生掌握数组的应用及 LED 数码管和 LED 点阵的应用。

7.1 数组介绍

任务 2 介绍了整型、字符型、浮点型等数据类型，这些在系统中已经定义好的数据类型称为基本类型。还有一些数据类型是通过将以上各种基本数据类型进行组合、封装而形成的，这些数据类型称为构造数据类型。构造数据类型包括数组、指针、结构体、联合体、枚举等，本书主要介绍数组和指针的使用方法。

7.1.1 一维数组介绍

在许多程序中，可能需要保留一块连续的存储空间，相应的存储空间就是数组。数组是一组变量，具有相同的数据类型，在某种意义上具有一定的关系。这些变量是所属数组的成分分量，称为数组元素，既可以是基本数据类型，也可以是构造数据类型。

1. 一维数组的定义和初始化

一维数组的定义方式为

数据类型　数组名［整型常量表达式］＝｛值列表｝；

其中数组名要符合标识符的命名规则，整型常量表达式用于确定数组的大小，即数组元素的数量，"＝｛值列表｝"是可选项，当定义数组时可以通过输入以逗号分隔的一个或多个值来初始化数组。例如，以下语句定义了一个数组：

unsigned char a［10］；

其中数组的数据类型是 unsigned char，因此其数组元素的数据类型也是 unsigned char；数组的名字是 a；数组包含 10 个数组元素。

以下语句定义了一个初始化了的数组：

unsigned char test_array[5] = {0x00,0x40,0x80,0xC0,0xFF};

其数据类型为 unsigned char，数组的名字是 test_ array，数组中有 5 个数组元素，分别初始化为 0x00、0x40、0x80、0xC0 和 0xFF，除了上面在定义的时候对数组初始化的方法之外，还有以下方法可以初始化一维数组。

（1）对数组的部分元素初始化，例如：

unsigned char a[10] = {1,2,5,9,3};

定义数组 a 有 10 个元素，但大括号内只提供 5 个初值，这表示只给前面 5 个元素分别赋初值 1、2、5、9、3，后 5 个元素的值为 0。

（2）如果对静态数组不赋初值，编译器会对所有数组元素自动赋 0，例如：

unsigned char a[10];

数组 a 中的所有数组元素都被初始化为 0。

（3）在对全部数组元素赋初值时，可以不指定数据长度，例如：

unsigned char a[5] = {a,2,5,9,3};

可以写成：

unsigned char a[ ] = {a,2,5,9,3};

在第二种写法中，大括号中有 5 个数，编译器会根据此自动定义数组 a 的长度为 5。

提示：关于一维数组的定义，要注意以下几点。

（1）数组名后面是用方括号括起来的整型常量表达式，方括号不能换成圆括号或大括号。

（2）整型常量表达式表示数组元素的个数，即数组长度。例如，a[10] 表示数组 a 有 10 个数组元素，下标从 0 开始，依次是 a[0]、a[1]、a[2]、a[3]、a[4]、a[5]、a[6]、a[7]、a[8]、a[9]。注意，不能使用数组元素 a[10]。

（3）整型常量表达式可以包含常量和符号常量，不能包含变量。例如，下面的数组定义是合法的：

#define N 5

unsigned int a[N];

而以下定义是非法的，因为 n 是变量：

int n = 5;

unsigned int a[n];

2．一维数组元素的引用

可以像其他变量一样使用数组中的元素，例如，可以对数组元素赋值或进行数学运算。在使用数组元素前必须对数组进行定义，并且只能逐个引用数组元素，而不能一次引用整个数组。数组元素的表示形式为

数组名[下标]

下标可以是整型常量或整型表达式，例如：

int n = 5;

a[5] 和 a[n] 的意义都一样。

提示：要注意区分数组定义和数组元素的引用。在定义数组时方括号中的常量是数组的长度，假设此常量为 N，则数组元素的下标只能是 0 ～ N −1。编译器对引用数组元素时的下标越界并不认为是错误，这就更需要编程者慎重，因为引用下标越界的数组元素可能会对其他变量产生影响，会引发严重的逻辑错误或运行错误，希望读者在实际运用一维数组时多加注意。

3. 一维数组的应用

一维数组大量用在查表程序中。把数组作为一个表格，预先存储在存储器中，需要时可以通过查找数组元素快速地获得其中的数据。对于这些运行时无须修改的数组，通常将其定义为 code 存储器类型，将其存放在程序存储器中以节省数据存储器的空间。

7.1.2　二维数组介绍

在上面介绍一维数组定义的时候已经提到，一维数组的元素可以是基本数据类型，也可以是构造类型。事实上，二维数组可以看成一种特殊的一维数组，这个特殊的一维数组的每一个数组元素又都是一个一维数组。如果把一维数组比作数学中的向量的话，那么二维数组就可以比作数学中的矩阵。

1. 二维数组的定义和初始化

二维数组定义的一般形式为

数据类型 数组名 ［常量表达式 1］［常量表达式 2］ = ｛值列表｝；

其中常量表达式 1（行下标）和常量表达式 2（列下标）定义了一个常量表达式 1（行）常量表达式 2（列）的数组。例如：

int a［3］［4］；

定义了一个名为 a 的 3 ×4（3 行 4 列）的数组，数组中的每个数组元素都是 int 类型。

数组中共有 3 ×4 =12 个元素，具体如图 7-1 所示。

	第 0 列	第 1 列	第 2 列	第 3 列
第 0 行	a［0］［0］	a［0］［1］	a［0］［2］	a［0］［3］
第 1 行	a［1］［0］	a［1］［1］	a［1］［2］	a［1］［3］
第 2 行	a［2］［0］	a［2］［1］	a［2］［2］	a［2］［3］

图 7-1　二维数组中数组元素的分布

如前所述，又可以把 a 看成一个一维数组，有 3 个元素 a［0］、a［1］、a［2］，每个元素又是一个包含 4 个元素的一维数组，其具体分布如图 7-2 所示。

a［0］	——	a［0］［0］	a［0］［1］	a［0］［2］	a［0］［3］
a［1］	——	a［1］［0］	a［1］［1］	a［1］［2］	a［1］［3］
a［2］	——	a［2］［0］	a［2］［1］	a［2］［2］	a［2］［3］

图 7-2　二维数组的元素看作一维数组时数组元素的分布

此处把 a［0］、a［1］、a［2］看成一维数组名，这种处理方法在数组初始化和用指针表示时显得很方便。

二维数组中元素在存储器中存放的顺序是按行存放的，即先顺序存放第一行的元素，再存放第二行的元素，依此类推，如图 7-3 所示。

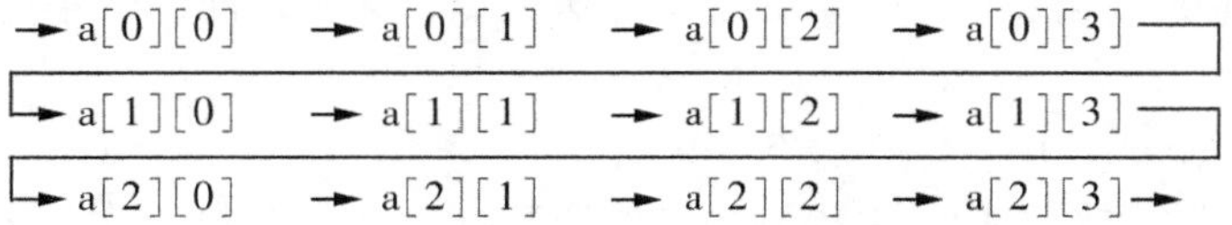

图 7-3　二维数组的元素在存储器中的分布

对二维数组的初始化有以下 5 种方法。

（1）分行给二维数组赋初值，每一行用大括号括起来，行与行之间的大括号用逗号分隔，例如：

　　　　unsigned char a[2][3] = {{1,2,3},{4,5,6}};

（2）将所有数据写在一个大括号内，按数组排列的顺序对各元素赋初值，例如：

　　　　unsigned char a[2][3] = {1,2,3,4,5,6};

这种赋初值的方式与方式 1 相同，但是用方式 1 赋初值比较好，一行对一行，界限清楚；而用方式 2，如果数据多，写成一大片，容易遗漏，也不容易检查。

（3）只对部分元素赋初值，例如：

　　　　unsigned char a[2][3] = {{1,2,3},{ }};

不赋初值的行的元素都为 0，因此，上面的赋值语句等价于

　　　　unsigned char a[2][3] = {{1,2,3},{0,0,0}};

（4）只对各行的某些元素赋初值，其他没有赋值的数组元素为 0，例如：

　　　　unsigned char a[2][3] = {{1,2},{4}};

等价于

　　　　unsigned char a[2][3] = {{1,2,0},{4,0,0}};

（5）对全部元素都赋初值，这种方式定义数组时第一维的长度可以不指定，但第二维的长度不能省略，例如：

　　　　unsigned char a[ ][3] = {{1,2,3},{4,5,6}};

或

　　　　unsigned char a[ ][3] = {1,2,3,4,5,6};

2. 二维数组的引用

二维数组的元素的表示形式为

　　　　数组名［第一维下标］［第二维下标］

其中下标可以是整型常量或变量，也可以是整型表达式，如 a[0][2]、a[2−1][3∗1]，在使用数组元素时，要注意下标值应在已定义的数组大小的范围之内。例如，定义一个 a[3][4] 的数组，并没有 a[3][4] 这个数组元素。

请注意区分在定义数组时用 a[3][4] 和引用数组元素时用的 a[3][4] 的区别。前者用来定义数组的维数和各维的大小（长度），后者中的 3 和 4 是下标值，a[3][4] 代表一个数组元素。

7.1.3　字符数组介绍

所谓字符数组就是存放字符型数据的数组，字符数组中一个元素存放一个字符。

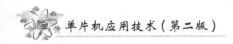

1. 字符数组的定义和初始化

字符数组的定义方法和一维数组的定义方法类似。其实，前面的不少例子就是定义的字符数组，例如：

unsigned char a[10] = {'C','5','1'};

需要注意的是，如果大括号中提供的初值个数（即字符个数）大于数组长度，则作为语法错误处理；如果初值个数小于数组长度，则只将这些字符赋给数组中前面的那些元素，其余的元素自动定义为空字符（即'\0'）。因此，上面语句定义的数组的状态如图 7-4 所示。

C	5	1	\0	\0	\0	\0	\0	\0	\0

图 7-4　字符数组的存储状态

如果提供的初值个数与预定的数组长度相同，在定义的时候可以忽略数组长度，系统会自动根据初值个数确定数组长度，例如：

static char a[] = "Welcome you!";

数组 a 的长度自动定为 12。用这种方式，编程人员不必数出一个字符数组中包含多少个字符，尤其在赋初值的字符个数较多时比较方便。也可以用类似于定义二维数组的方法定义一个二维字符数组，例如：

static char a[2][3] = {{'h','o','w'},{'w','h','y'}};

2. 字符数组元素的引用

可以引用字符数组中的一个元素而得到一个字符。

7.2　单片机控制数码管显示

单片机系统中常用的显示器有数码管 LED（Light Emitting Diode）显示器、液晶 LCD 显示器、CRT 显示器等。LED、LCD 显示器有两种显示结构：段显示（七段、米字型等）和点阵显示（5×8、8×8 点阵等）。

7.2.1　LED 数码管的结构

LED 数码管是单片机应用产品中常用的廉价输出设备。它是由若干个发光二极管组成显示的字段。当二极管导通时相应的一个点或一个笔划发光，就能显示出各种字符，常用的七段 LED 显示器的外形如图 7-5 所示，结构如图 7-6 所示。LED 数码显示器有两种结构：将所有发光二极管的阳极连在一起，称为共阳接法，公共端 COM 接高电平，当某个字段的阴极接低电平时，对应的字段就点亮；而将所有发光二极管的阴极连在一起，称为共阴接法，公共端 COM 接低电平，当某个字段的阳极接高电平时，对应的字段就点亮。每段所需电流一般为 5 ~ 15 mA，实际电流视具体的 LED 数码显示器而定。

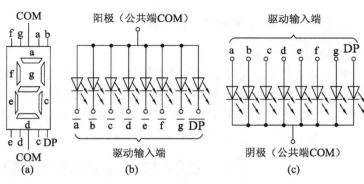

图 7-5　LED 数码管外形图　　　　**图 7-6　LED 数码管引脚图和结构图**

7.2.2　显示字形与字段码关系

为了显示字符和数字，要为 LED 显示器提供显示段码（或称字形代码），组成一个 "8" 字形的 7 段，再加上一个小数点位，共计 8 段，因此提供 LED 显示器的显示段码为 1 个字节。各段码的对应关系如表 7-1 所示。

表 7-1　LED 段码对应关系

段码位	D7	D6	D5	D4	D3	D2	D1	D0
显示段	DP	g	f	e	d	e	b	a

LED 显示器字形编码如表 7-2 所示。

表 7-2　LED 显示器字形段码表

显示字符	共阴极字段码	共阳极字段码	显示字符	共阴极字段码	共阳极字段码	显示字符	共阴极字段码	共阳极字段码
0	3FH	C0H	9	6FH	90H	T	31H	CEH
1	06H	F9H	A	77H	88H	Y	6EH	91H
2	5BH	A4H	B	7CH	83H	L	38H	C7H
3	4FH	B0H	C	39H	C6H	8	FFH	00H
4	66H	99H	D	5EH	A1H	"灭"	0	FFH
5	6DH	92H	E	79H	86H	…	…	…
6	7DH	82H	F	71H	8EH			
7	07H	F8H	P	73H	8CH			
8	7FH	80H	U	3EH	C1H			

从 LED 显示器的显示原理可知，为了显示字母数字，必须最终转换成相应段选码。这种转换可以通过硬件译码器或软件进行译码。

7.2.3 LED 数码管显示方式

1. 静态显示方式

静态显示的特点是每个数码管必须接一个 8 位锁存器，用来锁存待显示的字形码。送入一次字形码显示字形一直保持，直到送入新字形码为止。这种方法的优点是占用 CPU 时间少，显示便于监测和控制；缺点是硬件电路比较复杂，成本较高。

案例 11 数码管静态显示

要求 P0 口、P2 口、P1 口各接一个数码管，编程使三个数码管分别显示 1、2、3 三个数字。

（1）硬件设计（图 7-7）。

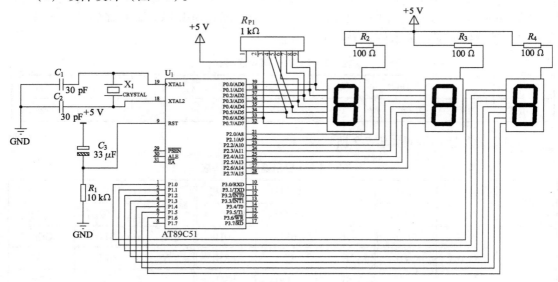

图 7-7 数码管静态显示电路图

（2）软件设计。

```
#include < reg51. h >
void main( )
{
    unsigned char code Led_code[ ] = {0xC0,0xF9,0xA4,0xB0,0x99,0x92,0x82,
        0xF8,0x80,0x90};
    P0 = Led_code[1];
    P1 = Led_code[2];
    P2 = Led_code[3];
    while(1);
}
```

能力拓展：

如果 4 位显示呢？

2. 动态显示方式

将所有数码管的段选线并联在一起，通过控制位选信号来控制数码管的点亮，数码管采用动态扫描显示。所谓动态扫描显示即轮流向各位数码管送出字形码和相应的位选信号，利用发光管的余晖和人眼视觉的暂留作用，使人的感觉好像各位数码管同时都在显示，动态显示的亮度比静态显示要差一些，所以在选择限流电阻时应略小于静态显示电路中的限流电阻。

案例 12　数码管动态显示

要求 P0 口作为数据端，P2 口作为位选端，动态显示接法接 4 位数码管，$\overline{INT0}$接一按钮，每按一次，数码管显示的数字加 1。

1. 硬件设计（图 7-8）

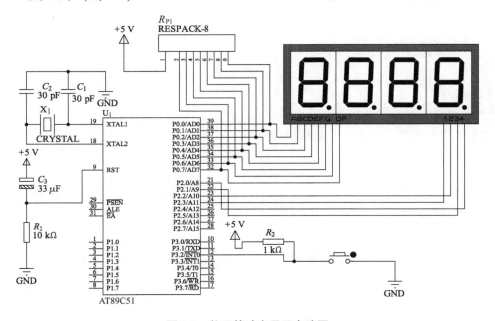

图 7-8　数码管动态显示电路图

2. 软件设计

```c
#include < reg51.h >
unsigned char led[10] = {0xC0,0xF9,0xA4,0xB0,0x99,0x92,0x82,0xf8,0x80,
                          0x90};
unsigned char con[4] = {0x1,0x2,0x4,0x8};
unsigned int a = 0;
main()
{   unsigned int i,j;
    unsigned char b[4];
    IT0 = 1;
    EX0 = 1;
    EA = 1;
    while(1)
    {b[3] = a/1000;b[2] = (a%1000)/100;b[1] = (a%100)/10;b[0] = a%10;
     for(i = 0;i < 4;i ++)
      {
            P2 = con[i];
            P0 = led[b[i]];
            for(j = 100;j > 0;j -- );
      }
    }
}
void isr_int0(void) interrupt 0
{
    a ++ ;
}
```

能力拓展

如果8个数码管动态显示，如何设计?

7.3　LED 点阵显示

LED 点阵显示器是把很多 LED 发光二极管按矩阵方式排列在一起，通过每个 LED 进行发光控制，点亮不同位置的发光二极管，完成各种字符或图形的显示。最常见的 LED 点阵显示模块有 5×7（5 列 7 行）、7×9（7 行 9 列）、8×8（8 行 8 列）结构。在电子市场，有专门的 LED 点阵模块产品，图 7-9 所示为 8×8 点阵模块，它有 64 个像素，可以显示一些较为简单的字符或图形。用 4 个模块组合成一个正方形，可以显示一个 16×16 点阵的汉字。

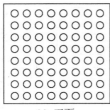

（a）正面　　　　　　　　（b）反面

图 7-9　8×8 点阵 LED 外视图

LED 模块内部结构有 8 行（$Y_0 \sim Y_7$）8 列（$X_0 \sim X_7$），对外有 16 个引脚，其中 8 根行线用数字 $0 \sim 7$ 表示，8 根列线用字母 $A \sim H$ 表示，图 7-9（b）所示为其实际引脚图。

点亮跨接在模块某行某列的二极管的条件是：对应的行为高电平，对应的列为低电平。例如 $Y_7 = 1$，$X_7 = 0$ 时，对应于右下角的 LED 灯发光。在很短时间内依次点亮多个发光二极管，重复进行则可以看到显示的数字、字母或图形。这就是 LED 点阵动态显示原理。

案例 13　用 8×8 LED 点阵显示心形图形

用单片机控制一个 8×8 LED 点阵显示模块、一个 P0 口、一个 P1 口，P0 口控制列线，P1 口控制行线。

1. 硬件设计

为了提高驱动能力，P1 口通过 74LS245 与 LED 行线连接。LED 点阵显示电路图如图 7-10 所示。

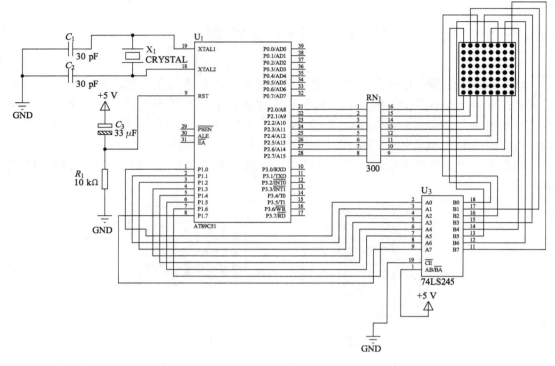

图 7-10　LED 点阵显示电路图

2. 软件设计

```
#include < reg51. h >
void delay1ms( unsigned int ms) ;
void main( )
{
    unsigned char code led[ ] = {0x99,0x66,0x7E,0xBD,0xDB,0xE7,0xFF} ;
    unsigned char w,i;
    while(1)
    {
        w =0x01 ;
        for( i =0 ;i <8 ;i ++ )
        {
            P1 = w ;
            P2 = led[ i] ;
            delay1ms( 1) ;
            w <<=1 ;
        }
    }
}
```

```
void delay1ms( unsigned int ms)
    {
        unsigned int i,j;
        for( i = 0 ; i < ms ; i ++ )
            for( j = 0 ; j < 110 ; j ++ );
    }
```

能力拓展

将图形换成一个简单的汉字。

案例 14　用单片机最小系统实现简单交通灯控制

1. 案例要求

在单片机最小系统下实现简单交通灯控制。用 12 个发光二极管分别代表四个路口的红、绿、黄灯，初始态为四个路口的红灯全亮，接着东西路口的绿灯亮 20 s，南北路口的红灯亮，东西路口方向通车；延时一段时间后，东西路口的绿灯熄灭，黄灯开始闪烁，每隔 1 s 闪烁 1 次，闪烁 3 次后，东西路口红灯亮，同时南北路口的绿灯亮 20 s，南北路口方向开始通车；延时一段时间后，南北路口的绿灯熄灭，黄灯开始闪烁，每隔 1 s 闪烁 1 次，闪烁 3 次后，再切换到东西路口的绿灯亮，东西方向通车；之后重复以上过程。

2. 硬件设计

根据本案例要求，选用 AT89S51 单片机，配备晶振电路和复位电路，晶振频率为 12 MHz，设计的原理图如图 7-11 所示。为了方便线路连接，P0 口的低 6 位分别接西、北路口的红、黄、绿灯（发光二极管，采用共阳极的连接方式），P2 口的低 6 位分别接东、南路口的红、黄、绿灯。

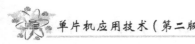

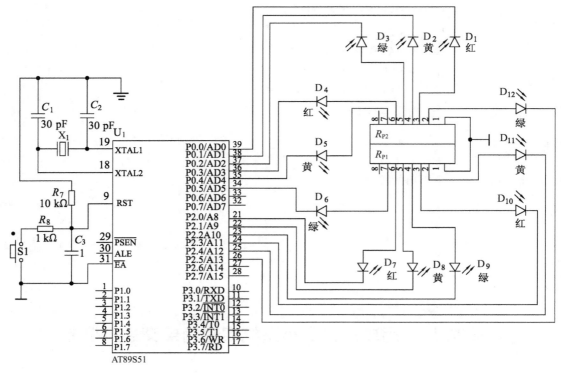

图 7-11　简单交通灯控制

3. 软件设计

根据系统功能要求及设计的硬件电路图，各路口的灯亮的规律与 P2、P0 口的取值有关，其规律如表 7-3 所示。

表 7-3　交通灯控制系统真值表

规　　律	P2.5 东绿	P2.4 东黄	P2.3 东红	P2.2 南绿	P2.1 南黄	P2.0 南红	P0.5 西绿	P0.4 西黄	P0.3 西红	P0.2 北绿	P0.1 北黄	P0.0 北红	十六进制数
红灯全亮	1	1	0	1	1	0	1	1	0	1	1	0	0x36
东西绿灯亮，南北红灯亮	0	1	1	1	1	0	0	1	1	1	1	0	0x1E
东西黄灯亮，南北红灯亮	1	0	1	1	1	0	1	0	1	1	1	0	0x2E
东西红灯亮，南北绿灯亮	1	1	0	0	1	1	1	1	0	0	1	1	0x33
东西红灯亮，南北红黄亮	1	1	0	1	0	1	1	1	0	1	0	0	0x35

本系统涉及两个定时时间，一是每个路口的绿灯亮 20 s，另一个是黄灯闪烁（亮、灭，或灭、亮），时间间隔 1 s（每隔 0.5 s 黄灯状态转换一次），显然最容易实现的方法就是利用定时器，可以用定时器 0 控制路口绿灯亮的时间，用定时器 1 控制黄灯状态转换的时间间隔，但是两个定时器的定时都不可达到 20 s 或 0.5 s，所以可以让两个定时器都工作于方式 1，定时时间为 50 ms，引进两个变量 time（初值为 400）和 timey（初值为 20），当定时器发出中断时，这两个变量分别减 1，直到为 0 则达到定时时间。

　　根据以上分析，TMOD 应赋值为 0x11，两个定时器计数次数为 50 000。编写程序如下：

```
#include < reg51. h >
unsigned char unsigned int time = 400;timey = 10,county = 6;
                                    //绿灯亮20 s,黄灯状态转换时间间隔
                                    //0.5 s,共转换6次
unsigned char allr = 0x36;           //所有路口的灯全红
unsigned char ewg snr = 0x1E;        //东西路口绿灯亮,南北路口红灯亮
unsigned char ewy = 0x2E;            //东西路口黄灯亮,南北路口红灯亮
unsigned char sng_ewr = 0x33;        //南北路口绿灯亮,东西路口红灯亮
unsigned char_sny = 0x35;            //南北路口黄灯亮,东西路口红灯亮
sbit P01 = P0^1;
sbit P04 = P0^4;
sbit P21 = P2^1;
sbit P24 = P2^4;
bit ewg = 1;
void isr_ time0( );                  //刚才是否是东西路口绿灯亮过
main( )
{
    unsigned int i;
    P0 = P2 = allr;
    for( i = 50000;i > 0;i -- );
    P0 = P2 = ewg_snr;
    TMOD = 0x11;                      //定时器1和定时器0均工作于方式1
    TL0 = - 50000;TH0 = - 50000 >>8; //两个定时器均定时50 ms
    TL1 = - 50000;THl = - 50000 >>8;
    EA = 1;ET0 = l;ET1 = 1;
    TR0 = 1;
    while( 1 );
}
void isr_time0( ) interrupt 1         //定时器0的中断服务程序
{
    TL0 = - 50000;TH0 = - 50000 >>8;
    time -- ;
    if( time ==0)
    {
        TR0 = 0 ;TR1 = 1;

                                      //定时器0停止定时,启动定时器1,以
                                      //便黄灯每隔0.5 s转换一次状态
```

```
                time = 400;
            if(ewg)
                {P0 = ewy;P2 = ewy;}
            else
                {P0 = sny ;P2 = sny;}
        }
    }
void isr_timel( ) interrupt 3              //定时器 T1 的中断服务程序
    {
        TL1 = -50000;TH1 = -50000 >> 8;
        timey -- ;
        if(timey == 0)
        {
            timey = 10;
            county -- ;
            if(county)
            {
                if(ewg)
                {P04 = ~ P04;P24 = ~ P2 4;}
                else
                {P01 = ~ P01;P21 = ~ P21;}
            }
            else
            {
                county = 6;
                if(ewg)
                    {P0 = sng_ewr;P2 = sng_ewr;}
                else
                    {P0 = ewg_snr;P2 = ewg_snr;}
                TR1 = 0 ;TR0 = 1;
                ewg = ~ ewg;
            }
        }
    }
```

案例 15 有时间显示的交通灯控制器设计

1. 硬件设计

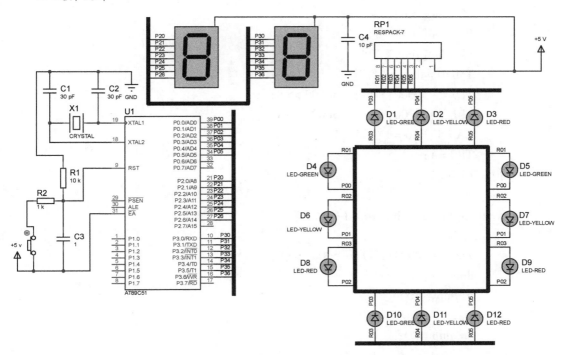

图 7-12 带时间显示的交通灯控制系统电路

2. 软件设计

```
#include < reg51.h >
unsigned char time = 20,dup = 20;
unsigned char timey = 10,county = 6;
                      //绿灯亮20 s,黄灯状态转换时间间隔0.5 s,共转换
                      //6 次
unsigned char allr = 0x1B;      //所有路口的灯全红
unsigned char ewg_snr = 0x1E;   //东西路口绿灯亮,南北路口红灯亮
unsigned char ewy = 0x1D;       //东西路口黄灯亮,南北红灯亮
unsigned char sng_ewr = 0x33;   //南北路口绿灯亮,东西路口红灯亮
unsigned char sny = 0x2B;       //南北路口黄灯亮,东西红灯亮
unsigned char led[] = {0xC0,0xF9,0xA4,0xB0,0x99,0x92,0x82,0xF8,0x80,0x90};
sbit P01 = P0^1;
sbit P04 = P0^4;
bit ewg = 1;                    //刚才是否是东西路口绿灯亮过
```

```
main( )
{
    unsigned int i;
    P0 = allr;P1 = 0;
    for( i = 50000;i > 0;i -- );
    P0 = ewg_snr;
    P2 = led[ time/10 ];
    P3 = led[ time% 10 ];
    TMOD = 0x11;
    TL0 = - 50000;TH0 = - 50000 >> 8;
    TL1 = - 50000;TH1 = - 50000 >> 8;
    EA = 1;ET0 = 1;ET1 = 1;
    TR0 = 1;
    while( 1 );
}
void isr_time0( ) interrupt 1
{
    TL0 = - 50000;TH0 = - 50000 >> 8;
    dup -- ;
    if( dup == 0 )
    {
        dup = 20;
        time -- ;
        P2 = led[ time/10 ];
        P3 = led[ time% 10 ];
        if( time == 0 )
        {
            TR0 = 0;TR1 = 1;
            time = 20;
            if( ewg)
            {
                P0 = ewy;
            }
            else
            {
                P0 = sny;
            }
        }
    }
```

```
    }
void isr_time1( ) interrupt 3
    {
        TL1 = -50000 ; TH1 = -50000 >> 8 ;
        timey -- ;
        if( timey == 0 )
        {
            timey = 10 ;
            county -- ;
            if( county )
            {
                if( ewg )
                    P01 = ~ P01 ;
                else
                    P04 = ~ P04 ;
            }
            else
            {
                county = 6 ;
                if( ewg )
                    P0 = sng_ewr ;
                else
                    P0 = ewg_snr ;
                TR1 = 0 ; TR0 = 1 ;
                P2 = led[ time/10 ] ;
                P3 = led[ time%10 ] ;
            ewg = ~ ewg ;
            }
        }
    }
```

能力拓展

如果改为 LED 点阵显示倒计时，如何设计？

7.4 A/D 转换芯片应用

7.4.1 A/D 转换基础知识

A/D 转换的功能是把模拟量电压转换为一定位数的数字量，其工作原理已在数字电子技术课程中阐述，这里简单介绍 A/D 转换器的分类和主要性能指标。

1. A/D 转换芯片的分类

（1）逐次逼近式：逐次逼近式属直接式 A/D 转换器，转换精度较高，速度较快，价格适中，是目前种类最多、应用最广的 A/D 转换器，典型的 8 位逐次逼近式 A/D 芯片有 ADC0809 等。

（2）双积分式：双积分式是一种间接式 A/D 转换器，优点是转换精度高，抗干扰能力强，价格便宜，缺点是转换时间较长，一般要几十微秒，适用于转换速度要求不高的场合，如用于数字式测量仪表中。典型芯片有 MC14433 和 ICL7135 等。

（3）V/F 变换式：V/F 变换器能够将模拟电压信号转换为频率信号。其特点是结构简单、价格低廉、精度高、抗干扰能力强以及便于长距离传送等，可替代 A/D 转换，但转换速度偏低。

（4）并行式：并行式也属于直接式 A/D 转换器，它是所有类型 A/D 转换器中转换速度最快的，但由于结构复杂、造价高，只适用于要求高速转换的场合。

除上述 4 种常用的 A/D 转换器外，近年又出现了所谓"∑-△型" A/D 转换器，这类器件一般采用串行输出，转换速度介于逐次逼近式和双积分式之间；本节主要讨论性价比高，在单片机应用系统中应用最广的 8 位 A/D 芯片 ADC0809，以及常用的 12 位 A/D 芯片 A/D 1674 的用法。

2. A/D 转换芯片的技术性能指标

A/D 转换器的性能指标是衡量转换质量的关键，也是正确选用 A/D 转换器件的依据，下面分别介绍 A/D 转换器的几个主要性能指标。

（1）分辨率。

分辨率表示输出数字量变化一个最低有效位（Last Significant Bit，LSB）所对应的输入模拟电压的变化量，它定义为转换器的满刻度电压（基准电压）V_{FSR} 与 2^n 之比值，即

$$分辨率 = \frac{V_{FSR}}{2^n}$$

其中，n 为 A/D 转换器输出的二进制位数，R 越大，分辨率越高。

例如，一个满刻度电压为 5 V 的 8 位 A/D 转换器，它的分辨率（即所能分辨的最小输入电压变化量）为

$$\frac{5\ V}{2^8} = 19.53\ mV$$

若满刻度电压为 8 V，则该 A/D 转换器的分辨率为

$$\frac{8\ V}{2^8} = 31.25\ mV$$

习惯上，分辨率常以 A/D 的转换位数 n 表示。

（2）量化误差。

模拟量是连续的，而数字量是离散的，当 A/D 转换器的位数固定后，数字量不能把模拟量所有的值都精确地表示出来，这种由 A/D 转换器有限分辨率所造成的真实值与转换值之间的误差称为量化误差。例如，一个 3 位分辨率、基准电压为 7 V 的 A/D 转换器，当模拟量输入为 0 V、1 V 和 7 V 时，用三位数字量正好能精确地表示为 000、001 和 111 这 3 个二进制数；但当模拟量输入为 0.5 V、1.5 V 和 6.5 V 时，就会出现 0.5 V 的量化误差。一般的量化误差为数字量的最低有效位所表示的模拟量，理想的量化误差容限是 ±1/2LSB。

（3）转换精度。

转换精度是一个实际的 A/D 转换器和理想的 A/D 转换器相比的转换误差。绝对精度一般以 LSB 为单位给出，相对精度则是绝对精度与满量程的比值。不同厂家对转换精度的表达方法不同，有的给出综合误差指标，有的给出分项误差指标，如失调误差（零点误差）、增益误差（满量程误差）、非线性误差和微分非线性误差等。

可见，量化误差和分辨率是相互联系但又不同的两个概念；而精度和量化误差是同一个概念的两种说法，其中绝对精度与量化误差完全等价，它们之间没有区别。

（4）转换时间。

转换时间是指 A/D 转换器完成一次 A/D 转换所需时间。转换时间越短，适应输入信号快速变化的能力越强。当需要 A/D 转换的模拟量变化较快时就须选择转换时间短的 A/D 转换器，否则会引起较大误差。转换时间的倒数是转换速率。

（5）温度系数。

温度等数量指 A/D 转换器受温度影响的程度。一般用环境温度变化 1 ℃ 所产生的相对误差来表示，单位是 PPM/℃。

7.4.2　A/D 转换芯片的工作原理及应用

ADC0809 是美国国家半导体公司生产的 CMOS 工艺 8 通道、8 位逐次逼近式 A/D 转换器。ADC0809 可以和单片机直接相连，由于它的性能一般能满足用户要求且价格低廉，因此是目前国内应用比较广泛的 8 位通用 A/D 芯片。

1. ADC0809 原理及结构

ADC0809 内部结构框图如图 7-13 所示。它由 8 路模拟开关及地址锁存与译码器、8 位 A/D 转换器和三态输出锁存器三部分组成。

（1）8 路模拟开关及地址锁存与译码器。

8 路模拟开关用于切换 8 路输入信号，使其中一路与 8 位 A/D 转换器接通。地址锁存和译码器在 ALE 信号的作用下锁存 ADDA、ADDB 和 ADDC 上的 3 位地址信息，经译码控制某一路输入模拟信号与 A/D 转换器部分接通。

（2）8 位 A/D 转换器。

为逐次逼近式，由 256R 电阻分压器、模拟开关阵译码器、电压比较器、逐次逼近寄存器 SAR、逻辑控制和定时电路组成，其中 256R 电阻分压器和模拟开关阵译码器组成了一个 D/A 转换器。其基本原理是采用对分搜索的方法逐次比较，找出最逼近输入模拟量的数字量。REF（+）和 REF（-）是电阻分压器的基准电压输入端。CLOCK 是时钟输入信号，必须外接。A/D 转换器由 START 信号控制。转换结束后控制电路将转换结果送入三态输出锁存器，并使 EOC 信号有效（高电平）。

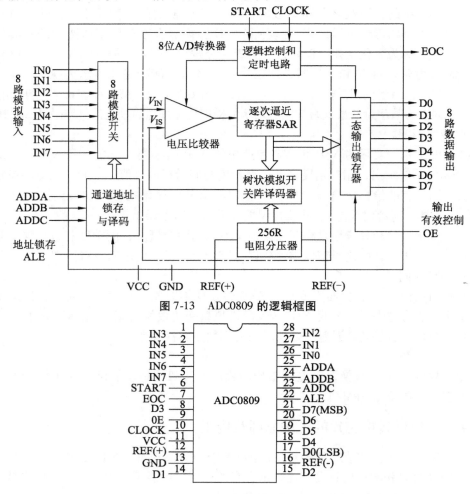

图 7-13 ADC0809 的逻辑框图

图 7-14 ADC0809 的引脚

（3）三态输出锁存器。

用于锁存转换的数字量结果，当 OE 有效（高电平）时，就可以从三态输出锁存器读取转换结果了。

2. ADC0809 引脚功能

ADC0809 采用 DIP-28（双列直插式）封装，引脚如图 7-14 所示，功能如表 7-4 所示。

表 7-4 引脚功能表

引脚名称	引脚性质、类型	引脚功能
IN0 ~ IN7	模拟信号输入端	用来接入 8 路模拟电压输入信号，0 ~ 5 V
ADDA ~ ADDC	地址信号线	用于选择 8 路模拟量输入信号之一和内部 A/D 转换接通

引脚名称	引脚性质、类型	引脚功能
ALE	地址锁存允许端	高电平有效。当 ALE = 1 时锁存 3 根地址线上的地址信号
CLOCK	时钟输入线	用于外接 ADC0809 逐次比较所需时钟脉冲。允许范围为 10 ~ 1 280 kHz，典型值为 640 kHz，对应转换时间 100 μs
START	启动脉冲输入端	正脉冲有效，要求脉宽大于 100 ms。在脉冲上升沿清零逐次逼近寄存器 SAR，下降沿启动 ADC 工作
EOC	A/D 转换结束信号	在 START 上升沿之后 0 ~（2 μs + 8 个时钟周期）时间内 EOC 变低，这一点是需要注意的，转换结束后立即变高
OE	输出允许端	高电平有效。当使 OE 变高时，三态输出锁存器将转换结果输出
D0 ~ D7	转换结果输出端	ADC0809 的数据总线，具有三态输出锁存功能
REF（+）、REF（−）	正负基准电压输入端	通常 REF（+）接 V_{CC}，典型值为 + 5 V；REF（−）接 GND。当精度要求较高时另接高精度电源
V_{CC}、GND	电源、地	V_{CC} 通常取 + 5 V

3. ADC0809 的工作时序

如图 7-15 所示，首先输入地址选择信号，在 ALE 信号的作用下，地址信号被锁存并产生译码信号，选中一路模拟量输入，然后输入启动信号 START（不应小于 100 ns），启动 A/D 转换。转换结束时发出转换结束信号 EOC，数据送三态输出锁存器，在允许输出控制信号 OE 的作用下，再将转换结果输出到外部数据总线。

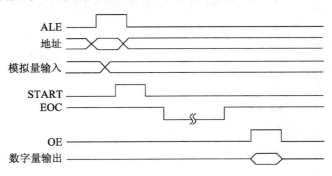

图 7-15　ADC0809 的工作时序

4. ADC0809 与单片机的接口电路

ADC0809 与单片机的接口电路如图 7-16 所示。

（1）时钟信号。

当单片机时钟频率高于 6 MHz 时，ALE 信号必须经 2 或 4 分频后才能接到 ADC0809 的 CLOCK 引脚上，否则不能正常工作。

（2）地址线和数据线。

ADC0809 的地址选择信号线和输出数据线均与 P0 口相接。ADDA ~ ADDC 三根地址线的连接与芯片及模拟通道的选择密切相关，地址线经地址锁存器可提高输入信号的稳定性。

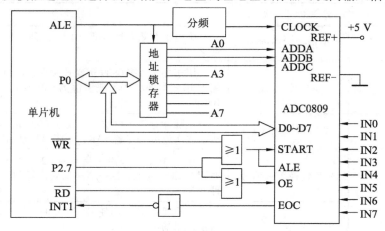

图 7-16　ADC0809 与单片机的接口电路

（3）控制信号。

通过 $\overline{RD}$、$\overline{WR}$ 和 P2.7 的组合实现对 ADC0809 控制，显然只有当 P2.7 为低电平时才能对 ADC0809 进行操作。转换结束信号 EOC 通过非门与单片机连接，用来发出中断请求或供 CPU 查询转换状态。

5. 程序设计

单片机的 A/D 转换编程有两条基本原则：一方面要满足所选 A/D 转换器的转换时序要求；另一方面要根据具体的接口电路编写具体的转换程序，即应用软件要和硬件协调、统一。

对于 ADC0809 而言，其控制程序的主要任务是如何判断一次 A/D 转换何时结束，只有以此为前提才能保证取回的转换结果的正确性。

（1）软件延时等待方式。

完成一次 A/D 转换的一般流程如下：

① 单片机工作寄存器初始化。

② 送通道地址及启动转换信号。

③ 软件延时等待转换结束。

④ 送读取转换结果信号。

⑤ 输出转换结果。

其中软件延时时间取决于 ADC0809 器件的转换时间，可以通过计算和调试获得。下面通过案例 16 来说明具体方法。

（2）程序查询方式。

将 A/D 转换器的转换结束信号 EOC 接至单片机的某端口（如接入 P3.2），启动转换开始后用程序查询该输入端是否出现转换结束信号，没有出现时则继续查询，一旦出现结束信号即可取回转换结果。下面通过案例 17 来说明具体用法。

（3）中断方式。

将 ADC 的转换结束信号 EOC 经一定的逻辑接口引至单片机的外部中断输入端（如接

入 INT1），用来向单片机提出中断申请。编程时，在主程序中启动 A/D 转换并继续执行主程序。当接收到 ADC 的转换结束 EOC（即中断请求）信号后立即转去执行中断服务程序，并在其中完成取回转换结果，启动下一次转换等操作。下面通过案例 18 来说明具体用法。

案例 16 单片控制电压表设计 1

参考图 7-16 所示的接口电路，要求采用软件延时等待方式采集 IN0 通道的电压，将电压值由数码管显示出来。为了能显示 AUC0809 采集模拟通道 IN0 的电压值，还必须连接数码管，连接电路如图 7-17 所示。

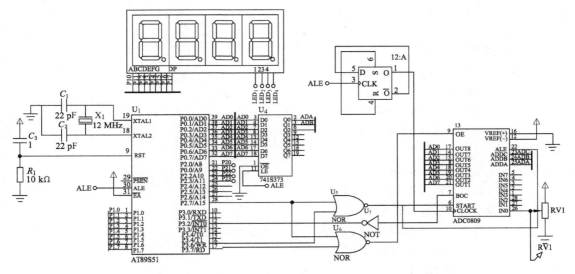

图 7-17 采集并显示 AUC0809 通道 IN0 的电压连接电路

假设 $f_{\mathrm{osc}} = 6$ MHz，按照上述功能要求编写程序如下：

```c
#include < reg51. h >
#include < absacc. h >
#define ADDRADC0 XBYTE[0x7FF8]
void delay(int);
void dispvalue();
unsigned int value;
unsigned char display[] = {1,2,4};
unsigned char led[] = {0xC0,0xF9,0xA4,0x80,0x99,0x92,0x82,0xF8,0x80,
    0x90};
void main()
{
    while(1)
    {
```

```
                ADDRADC0 = 0;              //写外部 I/O 地址操作,启动模数转换
                delay(10);
                value = ADDRADC0;          //读入转换结果
                dispvalue();
            }
        }
    void delay(int x)
    {
        unsigned int i;
        while(x --);
        for(i = 100;i > 0;i --);
    }
    void dispvalue()
    {
        unsigned int i;
        value *= 100 .0 * 5 /255;
        for(i = 0;i < 3;i ++)
        {
            P2 = display[i];
            Pl = led[value% 10];
            if(i == 2)
                P1& = 0x7F;                //显示小数点
            value / = 10;
            delay(1);
        }
    }
```

🌐 小 技 巧

（1）本例利用 Proteus 仿真时看不到任何现象，原因是在仿真时单片机的 ALE 没有脉冲信号输出。需要对单片机的属性进行如下设置：在 Advanced Properties 选项的第一个下拉框中选择"Simulate Program Fetches"；第二个下拉框中选择"Yes"；再单击上方的"确定"按钮。

（2）把电压值放大 100 倍显示，电压值的范围为 0 ~ 5 V，而并口为 8 位，数据范围为 0 ~ 255，电压值应为从 ADC0809 读出的值（P0）乘以 5/255，特别注意这里要采用浮点运算，如果整数运算，则结果不对。

案例 17 单片控制电压表设计 2

在案例 16 的连接电路基础上，采用程序查询方式采集 ADC0809 模拟通道 IN0 的电压值，并在数码管上显示出来。

设 f_{osc} = 6 MHz，按照要求编写程序如下：

```c
#include < reg51. h >
#include < absacc. h >
void delay( int );
void dispvalue( );
sbit BUSY = P3^2;
unsigned char xdata * addradc0;        //定义一个指针变量,该变量表示的就是 IN0
unsigned int value;
unsigned char display[ ] = {1,2,4};
unsigned char led[ ] = {0xC0,0XF9,0XA4,0XB0,0X99,0X92,0X82,0XF8,0X80,
    0X90};
void main( )
{
    while( 1 )
    {
        addradc0 = 0x7FF8;              //指针的值为通道工 IN0 的端口地址,即该
                                        //指针指向 IN0
        * addradc0 = 0;                 //写外部 I/O 地址操作,启动模数转换
        while( BUSY == 1 );             //查询是否转换结束
        value = * addradc0;             //读入转换结果
        dispvalue( );
    }
}
void delay( int x )
{
    unsigned int i;
    while( x -- );
    for( i = 100;i > 0;i -- );
}
void dispvalue( )
{
    unsigned int i;
    value * = 100.0 * 5 /255;
```

```
    for(i = 0;i < 3;i + +)
    {
        P2 = display [i];
        P1 = led [value%10];
        if(i = = 2)
            Pl& = 0x7F;
        value/ = 10;
        delay(3);
    }
}
```

案例18 单片控制电压表设计3

假设在如图 7-17 所示的电路基础上，ADC0809 的 IN0 ~ IN3 分别连接一个模拟电路（电位器），要求采用中断方式分别对这 4 路模拟信号（电压）轮流采集一遍，并将转换的结果轮流显示在数码管中。

设 f_{osc} = 6 MHz，按照要求编写程序如下：

```
#include < reg51. h >
void delay(int);
void dispvalue( );
unsigned char xdata, * addradc;
unsigned int value;
unsigned char display[ ] = {1,2,4};
unsigned char led[ ] = (0xC0,0xF9,0xA4,0xB0,0x99,0x92,0x82,0xF8,0x80,
    0x90};
void main( )
{
    IT0 = 0;EA = 1;EX0 = 1;
    addradc = 0x7FF8;
    * addradc = 0;                    //写外部 I/O 地址操作,启动模数转换
    while(1);
}
void delay(int x)
{
    unsigned int i;
    while(x − −);
    for(i = 100;i > 0;i − −);
}
```

```
void dispvalue()
{
    unsigned int i,temp;
    temp = value * 100.0 * 5 /255;
    for(i = 0;i < 3;i ++)
    {
        P2 = display[i];
        P1 = led [temp%10];
        if(i == 2)
            P1& = 0x7F;
        temp/ = 10;
        delay(3);
    }
}
void isr_int() interrupt 0
{
    unsigned char i;
    value = * addradc;          //读入转换结果
    for(i = 50;i > 0;i --)        //由于是动态扫描方式,因此显示电压值要
                                 //循环若干次
        dispvalue();
    addradc ++;
    if(addradc ==0x7FFC) addradc =0x7FF8;
    * addradc =0;
}
```

7.5　D/A 转换芯片应用

7.5.1　D/A 转换基础知识

D/A 转换器的基本工作原理是:通过电阻网络将 n 位数字量逐位转换成模拟量,经运算器相加,从而得到一个与 n 位数字量成比例的模拟量。由于计算机输出的数据（数字量）是离散的,D/A 转换过程也需要一定时间,因此转换输出的模拟量也是不连续的。

按数据输入方式,D/A 转换器有串行和并行两类,输入数据包括 8 位、10 位、12 位、14 位、16 位等多种规格,输入数据的位数越多,分辨率也越高;按输出模拟量的性质,D/A 转换器分电流输出型和电压输出型两种。电压输出又有单极性和双极性之分,如 0 ~ +5 V, 0 ~ +10 V、±2.5 V、±5 V、±10 V 等,可以根据实际需要进行选择。

D/A 转换器的性能指标和 A/D 转换器的性能指标相似,不再详述。下面介绍

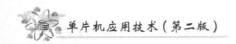

DAC0832，并着重说明它们与 MCS-51 单片机的接口技术和转换程序设计方法。

7.5.2　8 位通用 D/A 芯片介绍

DAC0832 是并行输入、电流输出型的通用 8 位 D/A 转换器，它具有与计算机连接简便、控制方便、价格低廉等优点，被广泛应用于计算机系统中。

1. DAC0832 结构

如图 7-18 所示为 DAC0832 的结构框图。

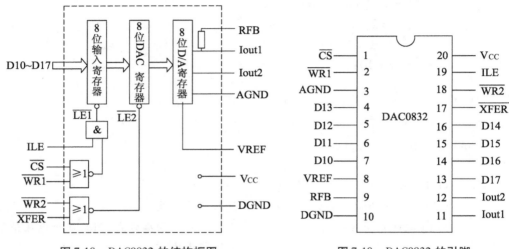

图 7-18　DAC0832 的结构框图　　　　图 7-19　DAC0832 的引脚

2. DAC0832 引脚功能

如图 7-19 所示为 DAC0832 引脚图。

（1）D10 ~ D17：8 位数据输入端。

（2）ILE：数据输入锁存允许，高电平有效。

（3）$\overline{CS}$：片选信号，低电平有效。

（4）$\overline{WR1}$：输入寄存器写信号，低电平有效。当 ILE、$\overline{CS}$、$\overline{WR1}$ 三个信号都有效时使 $\overline{LE1}$ 为高电平，锁存器的输出随输入变化，$\overline{LE1}$ 的负跳变使数据锁存到输入锁存器中。

（5）$\overline{XFER}$：数据传送控制信号，低电平有效。

（6）$\overline{WR2}$：DAC 寄存器写信号，低电平有效。当 $\overline{XFER}$ 和 $\overline{WR2}$ 均有效时，使 $\overline{LE2}$ 有效，将输入寄存器的数据写入 DAC 寄存器并开始 D/A 转换 $\overline{LE2}$ 的控制作用与 $\overline{LE1}$ 一致。

（7）VREF：基准电压输入端，极限电压范围为 ± 10 V。

（8）RFB：内部反馈电阻引脚，用来外接 D/A 转换器输出增益调整电位器。

（9）Iout1：电流输出 1 端，其值随装入 DAC 寄存器的数字量呈线性变化、当输入数据为 FFH 时，Iout1 输出最大，为 00H 时，Iout1 输出最小。也就是说，当输入数据被写入 DAC 寄存器时转换就开始了，转换时间一般不到一条指令的执行时间（电流稳定时间约 1 μs）。

（10）Iout2：电流输出 2 端，它与 Iout1 的关系为：Iout1 + Iout2 = 常数。

（11）V_{CC}：电源输入端，电源电压为 +5 ~ +15 V，最好工作在 +15 V。

（12）AGND：模拟信号地，为芯片模拟电路接地点。

（13）DGND：数字信号地，为芯片数字电路接地点。

3. DAC0832 与单片机的接口

（1）直通方式：指两个数据输入寄存器都处于开通状态，即所有有关的控制信号都处于有效，输入寄存器和 DAC 寄存器中的数据随 D10～D17 的变化而变化，也就是说，输入的数据会被直接转换成模拟信号输出。这种方式在微机控制系统中很少采用。

（2）单缓冲方式：指两个数据输入寄存器中只有一个处于受控选通状态，而另一个则处于常通状态，或者虽然是两级缓冲，但将两个寄存器的控制信号连接在一起，一次同时选通；单缓冲方式适用于单路 D/A 转换或多路 D/A 转换而不必同步输出的系统中，如图 7-20 所示。

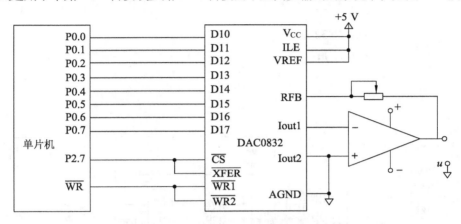

图 7-20　工作于单缓冲方式时 DAC0832 与单片机的连接电路

DAC0832 作为单片机的一个并行输出口，若无关地址线为 1，那么其地址为 7FFFH。如果把一个 8 位数据 data 写入 7FFFH，也就实现了一次 D/A 转换，输出一个与 data 对应的模拟量。

```
#define ADDR0832 XBYTE［0x7FFF］    //P2.7＝0，定义 DAC0832 芯片的地址
ADDR0832＝data;                      //写入 0832，进行一次转换输出
```

案例 19　单片机锯齿波输出设计

利用图 7-21 所示的电路输出一个锯齿波。由于 DAC0832 典型的输出稳定时间是 1 μs，因此输出信号的变化频率必须小于 1 MHz，亦即单片机的两次数字量输出之间的间隔必须大于 1 μs。因为晶振频率为 12 MHz，程序中 for 语句和向 DAC0832 送数语句的执行时间已足以达到 1 μs 的要求，所以编程时没有必要再进行额外延时。

按照上述要求，编写程序如下：

```
#include＜reg51.h＞
#include＜absacc.h＞
#define DAC0832 XBYTE［0x7FFF］
void delay()
{
    unsigned int i;
```

```
            for(i = 1000;i > 0;i --);
    }
    void main( )
    {
        unsigned char i;
        while(1)
        {
            for(i = 0;i <= 255;i ++ )
            {
                DAC0832 = i;
                delay( );
            }
        }
    }
```

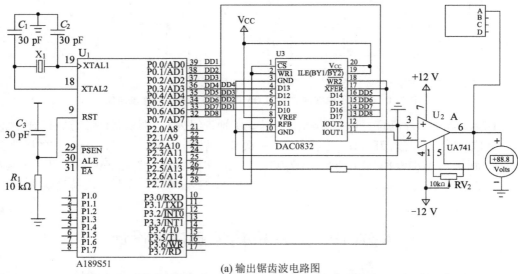

(a) 输出锯齿波电路图

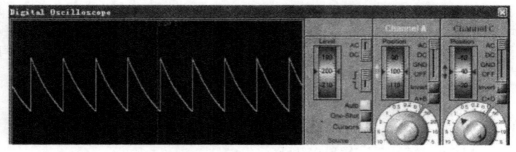

(b) 输出锯齿波生成的波形

图 7-21　输出锯齿波

本案例利用 UA741 运算放大器将电流信号转换成电压信号，输出电压为 $-D \times V_{REF}/255$，共中 D 为输出的数据字节，由于本案例输出的字节位从 0 到 255 循环递增，导致输出的电压值由 -0 到 -5 V 循环递减。

任务 *8* 室内温度控制器设计

8.1 LCD 液晶显示器介绍

LCD（Liquid Crystal Display）是液晶显示器的缩写，液晶显示器是一种被动式的显示器，即液晶本身并不发光，而是利用液晶经过处理后能改变光线方向的特性，从而达到白底黑字或黑底白字显示的目的。液晶显示器具有功耗低、抗干扰能力强等优点，因此被广泛应用，例如在手机、MP4/MPS、笔记本电脑和计算器上看到的都是液晶显示屏幕。由于 LCD 的控制必须使用专用的驱动电路，且 LCD 面板的接线需要采用特殊技巧，再加上 LCD 面板十分脆弱，因此一般不会单独使用，而是将 LCD 面板、驱动与控制电路组合成 LCM（Liquid Crystal Display Mould）模块一起使用。

LCM 的种类繁多，可以根据不同的场合、不同的需要选择不同类型的 LCM，本书主要介绍 1602 字符型 LCM（即两行显示，每行可显示 16 个字符）。

8.1.1 LCD1602 的特性及引脚功能

1602 字符型 LCM 通常采用日立公司生产的控制器 HD44780 作为 LCM 的控制芯片。

1. 字符型 LCM 的特性

（1）字符发生器 ROM（Character Generate ROM，CG ROM），可显示 192 个 5×7 点阵字符，LCM 显示的数字和字母部分的码值，刚好与 ASCII 码表中的数字和字母相同，所以在需要显示数字和字母时，只需要向 LCM 送入 ASCII 码即可。

（2）具有 64 B 的自定义字符 RAM（Character Generate RAM，CG RAM），可自行定义 8 个 5×7 点阵字符。

（3）具有 80 B 的数据显示存储器（Data Display RAM，DD RAM）。

2. 字符型 LCM 的引脚功能

字符型 LCM 通常有 16 个引脚，也有 14 个引脚的。当选用 14 个引脚的 LCM 时，该 LCM 没有背光。下面介绍 1602 型 LCM 的 16 个引脚功能，如表 8-1 所示。

表 8-1　1602 型 LCM 接口引脚功能

引脚号	符号	状态	功　能	备注
1	V_{SS}		电源地	
2	V_{DD}		+5 V 逻辑电源	

引脚号	符号	状态	功　能	备注
3	V_0		液晶驱动电源（用于调节对比度）	
4	RS	输入	寄存器选择（1：数据；0：指令）	
5	R/W	输入	读、写操作选择（1：读；0：写）	
6	E	输入	使能信号，数据读写操作控制位，向 LCM 发送一个脉冲，LCM 与单片机之间将进行一次数据交换	
7～14	DB0～DB7	三态	数据总线（最低位 DB0、最高位 DB7），可用 8 位连接，也可以只用高 4 位连接	
15	E1		背光电源线（通常为 +5 V，并串联一个电位器，可调节亮度）	
16	E2		背光电源地线	14 引脚的没有这两个引脚

8.1.2 LCD1602 与单片机的连接

1602 字符型 LCM 与单片机之间的连接主要有以下两种。

1. 直接访问方式连接

该连接是由单片机的读（$\overline{RD}$引脚）、写（$\overline{WR}$引脚）和高位地址线共同控制 LCM 的 E 端，由高位地址线中的两条分别与 RS 端和 R/$\overline{W}$端相连，由单片机的 P0 口 LCM 的 DB0～DB7 相连。这样就构成了三总线（数据总线 DB、地址总线 AB 和控制总线 CB）的连接方式，如图 8-1 所示，在软件控制上也比较简单，通过访问外部地址的方式就能访问 LCM。但是，在使用这种连接方式时需要注意单片机的控制总线时序和地址总线时序，必须要与 LCM 所需要的时序相匹配，否则将无法访问。

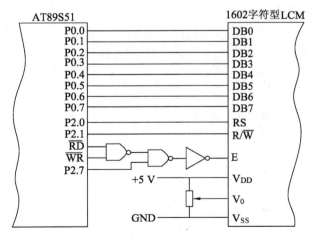

图 8-1　LCM 与单片机的直接访问方式连接

2. 间接控制方式连接

利用 HD44780 所具有的 4 位数据总线的功能，简化电路接口，这种间接控制方式连接如

图 8-2 所示。直接访问方式连接电路中需要增加与非门和反相器，从原理图上看很简单，但在实际焊接时，增加两个器件就增加了很多麻烦，另外增加器件也意味着增加了故障点，所以在实际使用时并不采用此电路。在图 8-2 中，省去了 4 位数据线，电路连接十分简单，也没有多余的器件，对于一般应用来说非常方便。由于 LCM 本身为速度较慢的器件，每一次数据传输大概需要几十微秒至几毫秒的时间，如果采用间接控制方式访问，每传送一个字节的数据需要访问两次 LCM，这将占用大量的时间，使 CPU 变得很繁忙，甚至影响 CPU 处理其他数据的传输速度。所以在实际的硬件电路连接中常采用如图 8-3 所示的电路。采用这种连接方式不能构成三总线的结构，所以不能通过地址的形式直接访问，而是需要按照 LCM 的方式进行数据的传输，同时由于数据总线使用了 8 条，所以在数据传输的时间上与直接访问的时间相同，速度较间接控制方式提高了一倍，缩短了 CPU 对 LCM 的访问时间。

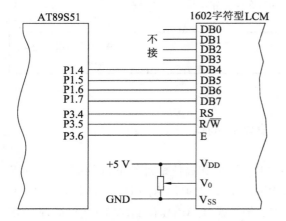

图 8-2　LCM 与单片机的间接控制方式连接

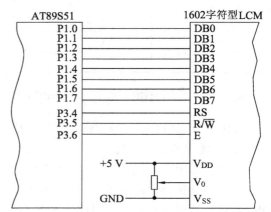

图 8-3　常用的 LCM 与单片机的连接

8.1.3　LCD1602 的指令集

1602 字符型 LCM 具有较丰富的指令集，如表 8-2 所示。

表 8-2　1602 字符型 LCM 指令集

功能	控制线		数据线								执行时间 /ms	功能说明
	RS	R/$\overline{W}$	D_7	D_6	D_5	D_4	D_3	D_2	D_1	D_0		
清屏	0	0	0	0	0	0	0	0	0	1	1.64	清屏，光标归位（清 DDRAM 和 AC 值）
光标归位	0	0	0	0	0	0	0	0	1	*	1.64	设地址计数器 AC 清零，DDRAM 数据不变，光标移到左上角
输入方式设置	0	0	0	0	0	0	0	1	I/D	S	0.04	设置字符进入时的屏幕移位方式
显示开关控制	0	0	0	0	0	0	1	D	C	B	0.04	设置显示开关、光标开关、闪烁开关
显示光标移位	0	0	0	0	0	1	S/C	R/L	*	*	0.04	设置字符与光标移动

功能	控制线		数据线								执行时间 /ms	功能说明
	RS	R/$\overline{W}$	D_7	D_6	D_5	D_4	D_3	D_2	D_1	D_0		
功能设置	0	0	0	0	1	DL	N	F	*	*	0.04	工作方式设置（初始化命令）
CGRAM 地址设置	0	0	0	1	CGRAM 地址						0.04	设置 6 位的 CGRAM 地址以读/写数据
DDRAM 地址设置	0	0	1	DDRAM 地址							0.04	设置 7 位的 DDRAM 地址以读/写数据 第 1 行：80H～8FH；第 2 行：COH～CFH
忙标志/地址计数器	0	1	BF	由最后写入的 DDRAM/CGRAM 指令设置的 DDRAM/CGRAM 地址							0.04	读忙标志及地址计数器 AC 值 BF=1：忙；BF=0：不忙，准备好
写数据	1	0	写入 1B 数据，需要先设置 RAM 地址								0.04	向 CGRAM/DDRAM 写入 1 字节数据
读数据	1	1	读取 1B 数据，需要先设置 RAM 地址								0.04	从 CGRAM/DDRAM 读取 1 字节数据

表 8-2 中控制字符的含义如下：

- I/D 表示数据读/写后，地址计数器 AC 值递增还是递减。I/D=1：递增；I/D=0：递减。
- S=0：显示屏不移动；S=1：如果 I/D=1 且有字符写入时显示屏左移，否则右移。
- D=1：显示屏开，否则显示屏关。
- C=1：光标出现在地址计数器所指的位置；C=0：光标不出现。
- B=1：光标出现闪烁；B=0：光标不闪烁。
- S/C=0，R/L=0，则光标左移，否则右移，S/C=1，R/L=0，则字符和光标左移，否则右移。
- DL=1：数据长度为 8 位；DL=0：使用 D7～D4 共 4 位数据位，分两次送 1 字节。
- N=0：单行显示；N=1：双行显示。
- F=1：5×10 点阵字体；F=0：5×7 点阵字体。

提示：（1）从表 8-2 可以看出对 LCM 的基本操作主要有 4 种：写命令、写数据、读状态和读数据，由 LCM 的 3 个控制引脚 RS、R/W 和 E 的不同组合状态来确定。另外，每个基本操作都须给引脚 E 一个正脉冲。

（2）在进行写命令、写数据和读数据三种操作之前，必须先进行读状态操作，查询忙标志；当忙状态 BF 为 0 时，才能进行这三种操作。

（3）LCM 上电时，都必须按照一定时序对 LCM 进行初始化操作，主要分以下四步：

① 设置 LCM 工作方式。

② 设置显示状态。

③ 清屏，将光标设置为第 1 行第 1 列。

④ 设置输入方式，设置光标移动方向并确定整体显示是否移动。

（4）当写一个显示字符后，如果没有再给光标重新定位，则 DDRAM 地址会自动加 1 或减 1，加或减由输入方式字设置。特别注意第 1 行的首地址为 0x80，第 2 行的首地址为 0xC0，并不连续。

（5）LCM 的读写操作必须符合读写操作时序，并要有一定的延时。

① 读操作时，先设置 RS 和 R/$\overline{\text{W}}$状态，再设置 E 信号为高；这时从数据口读取数据，然后将 E 信号置低。

② 写操作时，先设置 RS 和 R/$\overline{\text{W}}$状态，再设置数据，然后产生 E 信号的脉冲。

案例 20　LCD1602 应用举例

利用基于 HD44780 控制芯片的 1602 液晶显示两行字符 "Welcome you" 和 "Guang, 2010"，电路图如图 8-4 所示。

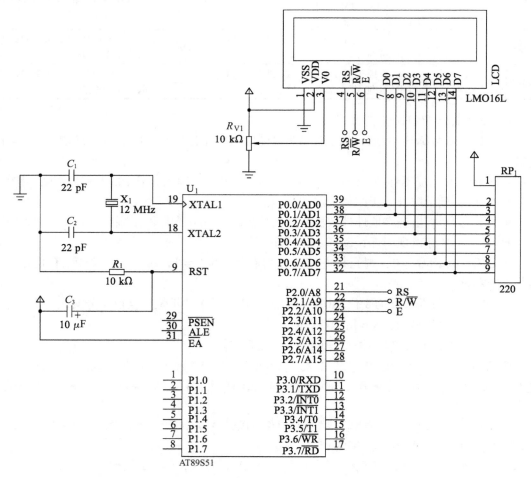

图 8-4　1602 字符型液晶显示电路

　　本案例源程序由 main. c 和 lcd. c 两个文件构成，前者完成本例文字进行显示，后者是退用的 LCD 显示控制程序，其他程序如果需要使用 1602 液晶，可直接复制并添加 lcd. c 文件。

```
//lcd. c 源程序
//液晶控制与显示程序
#include < reg51. h >
#include < string. h >
unsigned char count;
sbit rs = P2^0;
sbit rw = P2^1;
sbit en = P2^2;
void delay( unsigned int dely)
{
    unsigned char dely1;
    for( ;dely > 0;dely -- )
        for( dely1 = 10;dely1 > 0;dely1 -- );
}
//液晶显示器判忙函数
unsigned char busy( )
{
    unsigned char lcd_status;
    rs = 0;                          //寄存器选择
    rw = 1;                          //读状态寄存器
    en = 1;                          //开始读
    delay( 100 );
    lcd_status = P0;
    en = 0;
    return lcd_status;
}
//向液晶显示器写命令函数
void WR_Com( unsigned char temp)
{
    while( ( busy( )&0x80 )==0x80 );    //忙等待
    rs = 0;                          //选择命令寄存器
    rw = 0;                          //写
    P0 = temp;
    en = 1;en = 0;
}
//向液晶显示器写数据函数
```

```
void WR_Data(unsigned char dat)
{
    while((busy()&0x80)==0x80);
    rs=1;rw=0;                              //向液晶显示器写数据
    P0=dat;
    en=1;en=0;
}
//向液晶显示器写入显示数据函数
//入口条件:液晶显示器首行地址(指示第一行还是第二行)和待显示数组的首
//地址
void disp_lcd(unsigned char addr,unsigned char * pstr)
{
    unsigned char i;
    WR_Com(addr);
    delay(100);
    for(i=0;i<16;i++)
    {
        WR_Data(pstr[i]);
        delay(100);
    }
}
//液晶显示器初始化函数
void lcd_ init()
{
    WR_Com(0x38);                           //设置数据长度为8位、双行显
                                            //示、5×7点阵字符
    delay(100);
    WR_Com(0x01);                           //清屏
    delay(100);
    WR_Com(0x06);                           //字符进入模式:屏幕不动,字符
                                            //后移
    delay(100);
    WR_Com(0x0C);                           //显示开,光标关
    delay(100);
}
//main.c 主程序
unsigned char welcome[16]="welcome you!";
unsigned char addr[16]="Guang Zhou,2010";
void lcd_init();                            //函数原型说明
```

```
void disp_lcd(unsigned char,unsigned char * );    //函数原型说明
void main( )
{
    int i = 0;
    lcd_init( );
    disp_lcd(0x82,welcome);
    while(1)
    {
        disp_lcd(0xC0,addr + i);
        i + + ;
        if(i > strlen(addr)) i = 0;
        delay(10000);
    }
}
```

案例 21　环境温度的显示控制

　　两个 LED 数码管用于显示人工设置的希望环境温度值（简称预置温度），当实际环境温度高于该预置温度，则启动压缩机。两个 LED 数码管段选线分别连接到 80552 的 P0 上，即两位预置温度的显示是通过将预置温度十位、个位数字的 BCD 码分别由 P1 的高、低 4 位送入 LED 数码管来实现的。

　　连接电路图如图 8-5 所示，编写程序如下：

```
#include < reg51. h >
unsigned char settemp = 30;              //假设预置的初始温度为 30 ℃
main( )
{
    unsigned char t10,t;
    t10 = temp/10;t = temp%10;
    P1 = (t10 <<4) | (t&0x0F);
    while(1);
}
```

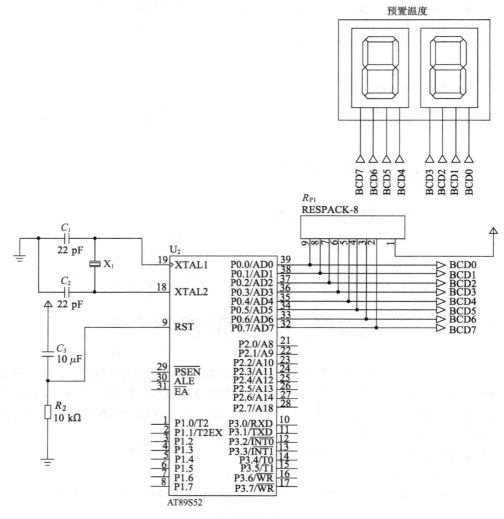

图 8-5　环境预置温度显示电路

上面介绍了液晶显示器的显示知识，环境温度控制系统也可以使用液晶显示预置温度和当前环境温度，如果本案例改用液晶显示预置温度，将如何修改程序？

电路图仍可采用图 8-5 的电路，假设预置温度为 30 ℃，当前环境温度为 32 ℃，则液晶显示模块 lcd. c 可不必修改，主函数 main. c 修改如下：

```
#include < string. h >
unsigned char currT[16] = "CurrentT:";
unsigned char setT[16] = "SetTemp:";
unsigned char setTemp = 30,currTemp = 32;
void lcd_ init( );
void disp_1cd( unsigned char,unsigned char * );
void format_Data( unsigned char temp,unsigned char * stemp)  //将温度值转换为字符串
    {
```

```
        stemp[0] = temp/10 + '0';              //将十位数字转换成 ASCII 码字符
        stemp[1] = temp%10 + '0';              //将十位数字转换成 ASCII 码字符
    }
    void main()
    {
        unsigned char stemp[2];                //要定义为数组,不能为指针,否则
                                               //温度不显示

        1cd_init();
        format_Data(currTemp,stemp);
        disp_1cd(0x80,currT);
        disp_1cd(0xBA,stemp);
        format_Data(setTemp,stemp);
        disp_1cd(0xC0,setT);
        disp_1cd(0xCA,stemp);
        while(1);

    }
```

8.2　键盘的应用介绍

8.2.1　按键及其抖动问题

键盘是由若干按键组成的开关矩阵,它是计算机最常用的输入设备,用户可以通过键盘向计算机输入指令、地址和数据。一般的单片机系统中采用非编码键盘,非编码键盘由软件来识别键盘上的闭合键,它具有结构简单、使用灵活等特点,因此被广泛应用于单片机系统。

组成键盘的按键有触点式和非触点式两种,单片机中应用的一般是由机械触点构成的。在图 8-6 中,当开关 S 断开时,P1.0 输入为高电平;S 闭合时,P1.0 输入为低电平。由于按键是机械触点,当机械触点断开、闭合时,会有抖动。P1.0 输入端的波形如图 8-7 所示。这种抖动对于人来说是感觉不到的,但对单片机来说是完全可以感应到的,因为单片机处理的速度是在微秒级,而机械抖动的时间至少是毫秒级;对单片机而言,这段时间已很"漫长"。

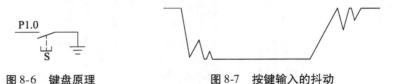

图 8-6　键盘原理　　　　　　　　图 8-7　按键输入的抖动

如果键处理程序采用中断方式的话,在响应按键时就可能会出现问题,也就是说按键有时灵,有时不灵,其实就是这个原因。你只按了一次按键,可是单片机却已执行了多次中断的过程。若执行的次数正好是奇数次,那么结果正如你所料;若执行的次数是偶数次,那就

不对了。如果键处理程序采用查询方式的话，也会存在响应按键迟钝的现象，甚至可能会漏掉信号。

消除按键抖动的方法有以下两种。

（1）硬件方法：一般不常用。

（2）软件方法：单片机设计中常用软件法，软件去除抖动其实很简单，就是在单片机获得 P1.0 口为低的信号后，不是立即认定 S 已被按下，而是延时 10 毫秒或更长一段时间后再次检测 P1.0 口，如果仍为低，说明 S 的确按下了，这实际上是避开了按键按下时的抖动时间。在检测到按键释放后（P1.0 为高），再延时 5—10 毫秒，消除后沿的抖动，然后再对键值处理。在一般情况下，通常不对按键释放的后沿进行处理，实践证明，这也能满足一定的要求。当然，实际应用中，对按键的要求也是千差万别的，要根据不同的需要来编制处理程序，以上只是消除按键抖动的原则。

8.2.2　独立式按键接口技术

1. 通过 I/O 口连接

通过 I/O 口连接就是将每个按键的一端接到单片机的 I/O 口，另一端接地，下面通过实例说明按键接口技术。

【实例 8-1】　按照如图 8-8 所示的电路进行连接，采用不断查询的方法检查是否有按键闭合，如有按键闭合，则去除按键抖动，判断键号并转入相应的键处理。

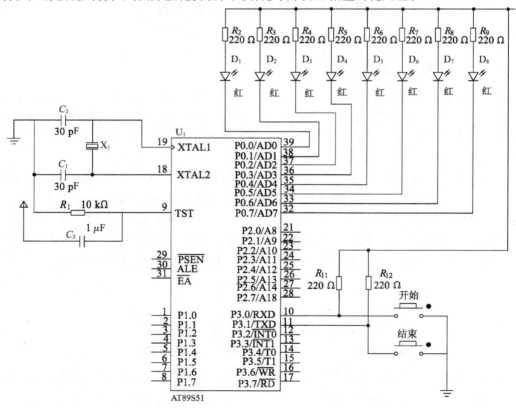

图 8-8　键盘通过 I/O 口连接

假设这两个键的定义如下。

P3.0：开始执行某种操作（假设让 8 个发光二极管闪烁）。

P3.1：停止执行。

按照上述功能要求编写程序如下：

```c
#include <reg51.h>
void delay(unsigned char);
bit key();
void lsd(unsigned char);
unsigned char vkey;
bit start_end = 0;
void main()
{
    unsigned char ldata;
    while(1)
    {
        if(key())
        {
            if(vkey == 1) start_end = 1;
            else start_end = 0;
        }
        if(start_end)
        {
            ldata = ~ldata;
            delay(250);
        }
        else ldata = 0xFF;
        P0 = ldata;
    }
}
void delay(unsigned char t)
{
    unsigned char i,j;
    for(i = t;i > 0;i--)
        for(j = 200;j > 0;j--);
}
bit key()
{
    unsigned char temp;
    bit flag = 0;
```

```
        temp = P3;
        temp = temp10xfc;temp = temp^0xFF;
        if( temp == 0)
            return flag;
        else
        {
            delay(25);                    //延时一段时间后再检测按键状态
            temp = P3 |0xFC;
            temp = temp^0xFF;
            if( temp == 0)
                return flag;
            else
            {
                vkey = temp;
                flag = 1;
                while( temp)
                {
                    temp = P3 |0xFC;
                    temp = temp^0xFF;
                }
            }
            return flag;
        }
    }
}
```

2. 采用中断方式

采用中断方式时，各个按键都接到一个与门上，当有任何一个按键按下时，都会使与门输出为低电平，从而引起单片机中断。它的好处是不用在主程序中不断地循环查询，如果有键按下，单片机再去做相应的处理。下面用实例进行说明。

【**实例 8-2**】　按照图 8-9 所示的电路，试编程实现由 3 个按健控制发光二极管的全亮、闪烁或全灭。

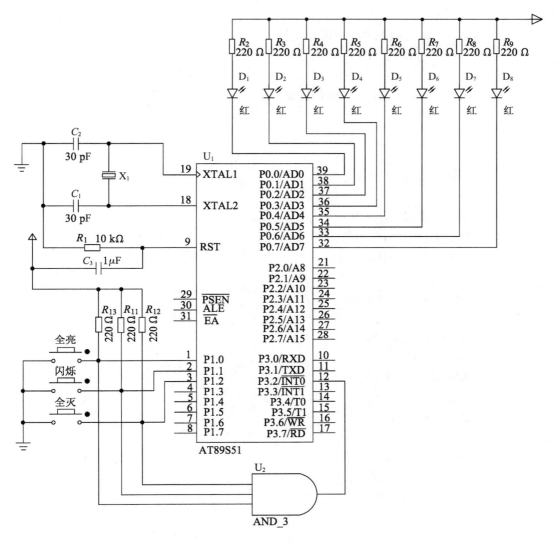

图8-9 中断方式按键连接

按照上述功能要求编写程序如下:

```c
#include < reg51. h >
void delay(unsigned char);
void isr_int0();
unsigned char flag;
void main()
{
    IT0 = 1; EA = 1; EX0 = 1;
    while(1)
    {
        switch(flag)
```

```
                }
                    case 1:P0 = 0x00;break;
                    case 2:P0 = ~ P0;
                    delay(250);break;
                    case 3:P0 = 0xFF;break;
                }
            }
        }

    void delay(unsigned char t)
    {
        unsigned char i,j;
        for(i = t;i > 0;i -- )
        for(j = 200;j > 0;j -- );
    }
    void isr_int0( ) interrupt 0
    {
        unsigned char kdata;
        kdata = P1;
        kdata = kdata^0xFF;
        kdata >> = 1;
        if(kdata! = 0)
        {
            kdata >> = 1;
            if(kdata! = 0) flag = 3;
            else flag = 2;
        }
        else
            flag = 1;
    }
```

8.2.3 矩阵式键盘接口技术

1. 矩阵式键盘的结构

在键盘中的按键数量较多时，为了减少 I/O 口的占用，通常将按键排列成矩阵形式，如图 8-10 所示。在矩阵式键盘中，每条水平线和垂直线在交叉处不直接连通，而是通过一个按键加以连接。这样，一个端口（如 P1 口）就可以构成 4×4 = 16 个按键。

当按键没有被按下时，所有的输入端都是高电平，代表无键按下。一旦有键按下，则输入线的电平就会被拉低。这样，通过读入输入线的状态就可判断是否有键按下了。

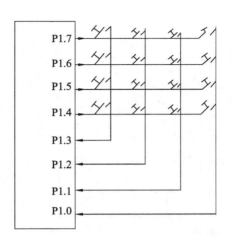

图 8-10　矩阵式键盘

2. 矩阵式键盘的按键识别方法——行扫描法

（1）判断键盘中有无键按下：将全部行线置低电平，然后检测列线的状态。只要有一列的电平为低，则表示键盘中有键被按下，而且闭合的键位于低电平线与 4 根行线相交叉的 4 个按键之中。若所有列线均为高电平，则键盘中无键按下。

（2）判断闭合键所在的位置：在确认有键按下后，即可进入判断具体闭合键位置的过程。其方法是：依次将行线置为低电平，即在置某根行线为低电平时，其他线为高电平。在确定某根行线位置为低电平后，再逐列检测各列线的电平状态。若某列为低，则该列线与置为低电平的行线交叉处的按键就是闭合的按键。

行扫描法识别按键的方法就像在二维平面上找确定的点，方法如下。

① 确定这点的横坐标：行线位置。

② 确定它的纵坐标：列线位置。

③ 求键值：键值 = 行号 * 列数 + 列号。

下面通过实例说明矩阵式键盘的控制技术。

【实例 8-3】　电路如图 8-11 所示，89S51 单片机的 P1 口用作键盘 I/O 口，P0 口用作输出口，用于输出所按键的键号（0 ~ F）。

键盘的列线接到 P1 口的低 4 位，键盘的行线接到 P1 口的高 4 位。列线 P1.0 ~ P1.3 设置为输入线，行线 P1.4 ~ P1.7 设置为输出线。4 根行线和 4 根列线形成 16 个相交点。

（1）检测当前是否有键被按下：检测的方法是 P1.4 ~ P1.7 输出全 "0"，读取 P1.0 ~ P1.3 的状态。若 P1.0 ~ P1.3 为全 "1"，则无键闭合，否则有键闭合。

（2）去除键抖动：当检测到有键按下后，延时一段时间再做下一步的检测判断。

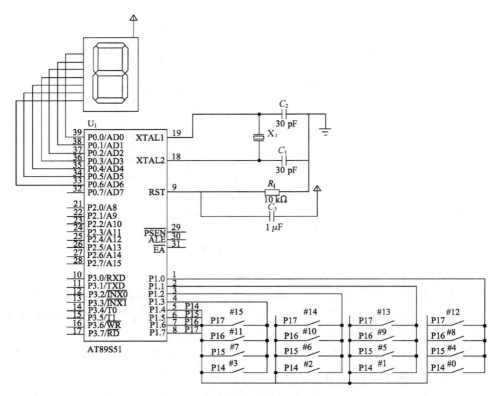

图 8-11　矩阵式键盘连接

（3）若有键被按下，应识别出是哪一个键闭合。对键盘的行线进行扫描。P1.4～P1.7 按下述 4 种组合依次输出：

P1.7	1	1	1	0
P1.6	1	1	0	1
P1.5	1	0	1	1
P1.4	0	1	1	1

在每组行输出时读取 P1.0～P1.3，若全为"1"，则表示这一行没有键闭合，否则有键闭合。由此得到闭合键的行值和列值，然后可采用计算法或查表法将闭合键的行值和列值转换成所定义的键值。

为了保证按键每闭合一次，CPU 仅做一次处理，必须除去按键释放时的抖动。从以上分析得到键盘扫描程序的流程图如图 8-12 所示，编写键盘扫描程序如下：

```
#include <reg51.h>
unsigned char seg[16] = (0xC0,0xF9,0xA4,0xB0,
    0x99,0x92,0x82,0xF8,0x80,0x90,0x88,0x83,0xC6,
    0xA1,0x86,0x8E);
void delay(unsigned char);
unsigned char key_scan();
```

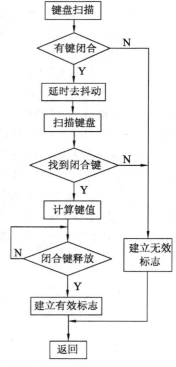

图 8-12　键盘扫描程序流程图

```c
void main( )
{
    unsigned char val_key;
    while(1)
    {
        val_key = key_scan( );
        if( val_key! = 0xFF) P0 = seg[ val_key];
    }
}
void delay(unsigned char t)
{
    unsigned char i,j;
    for( i = 0;i < t;i ++ )
        for( j = 0;j < 200;j ++ );
}
unsigned char key scan( )
{
    unsigned char kdata,vkey,keyNo;
    bit iskey = 0;                      //标志,在确定具体哪一个键按下时,如果检测
                                        //到有一个键按下,则该标志置1
    P1 = 0x0F;                          //行线送"0"
    kdata = P1;                         //读取列线值
    kdata& = 0x0F;
    if( kdata == 0x0F)
        return 0xFF;                    //无键按下,建立无效标志(0xFF 为无键按
                                        //下的无效标志)
    else                                //若列线均为"1",则无键按下,否则有键按下
    {
        delay(25);                      //有键按下,去除抖动
        kdata = 0xEF;
        while( !iskey)                  //扫描键盘
        {
            vkey = P1 = kdata;          //送扫描码至 P1 口行线,并将扫描码保存到
                                        //vkey 中
            kdata = P1;                 //读取列线值
            kdata& = 0x0F;
            if( kdata == 0x0F)
            {
                kdata = vkey;           //若没有键盘按下,则取出行扫描码
```

```
                    kdata <<=1;          //换扫描下一行的扫描码(循环向左移一位)
                    kdata 1 = 1;
                }
                else                     //若有键按下,则进行键处理
                {   kdata^ = 0x0F;       //为计算列值的方便,将列线 P1.3—P1.0 分
                                         //别与 1 异或,即按位取反
                    switch(kdata)        //计算列值
                    {
                        case 1:keyNo = 0;break;
                        case 2:keyNo = 1;break;
                        case 4:keyNo = 2;break;
                        case 8:keyNo = 3;break;
                    }
            iskey = 1;
            }
        }
        vkey = vkey >> 4;                //取行扫描码
        vkey^ = 0x0F;                    //将行扫描码取反
        switch(vkey)
        {
            case 1:keyNo +=0;break;      //把行值加到列值中
            case 2:keyNo +=4;break;
            case 4:keyNo +=8;break;
            case 8:keyNo +=12 ;break;
        }
        do
        {
            kdata = P1;
            kdata& = 0x0F;
        }
        while(kdata! = 0x0F);            //判断键释放
    }
    return(keyNo);
}
```

案例 22　环境温度控制系统按键设计

连接电路如图 8-13 所示。"UP"是"升温"按钮，接$\overline{INT0}$，"DOWN"是"降温"按钮，接 INT1。显然，在该案例中，提高或降低调节温度均采用中断方式实现，按"UP"按钮则产生外部中断 0，按"DOWN"按钮产生外部中断 1。

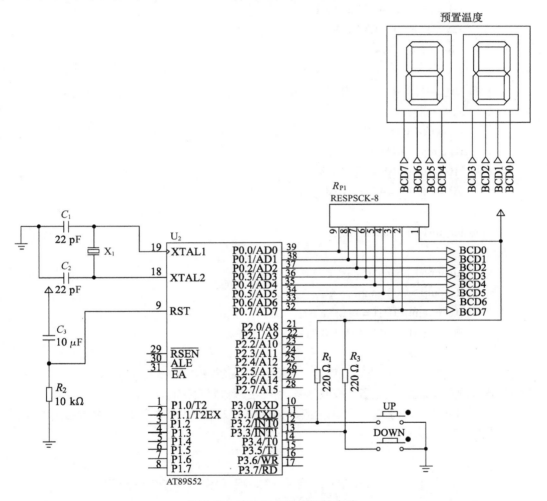

图 8-13　空调预置温度连接电路

调节温度的设置可分别在外部中断 0 和外部中断 1 的中断服务程序中实现。在中断服务程序中，调节温度放在变量 temp（采用 BCD 码）中，每发生一次中断，temp 中的数据加 1 或减 1，并再分别由单片机的 P0 控制的两个数码管显示其温度值。

按照上述功能要求，编写程序如下：

```
#include < reg51. h >
unsigned char temp = 30;
```

```
void isr_int0( );
void isr_int1( );
main( )
{
    unsigned char t10,t;
    IT0 = IT1 = 1;
    t10 = temp/10;t = temp%10;
    P0 = ( t10 << 4 )|( t&0x0F );
    EA = 1;EX0 = EX1 = 1;
    while( 1 );
}
void isr_int0( ) interrupt 0
{
    unsigned char t10,t;
    if( temp < 30 )temp ++ ;
    t10 = temp/10;t = temp%10;
    P0 = ( t10 << 4 )|( t&0x0F );
}
void isr_int1( ) interrupt 2
{
    unsigned char t10,t;
    if( temp > 20 )temp -- ;
    t10 = temp/10;t = temp%10;
    P0 = ( t10 << 4 )|( t&0x0F );
}
```

提示：（1）本案例还解决了一个处理十进制温度（BCD 码）的问题，请留意。

（2）本案例只是提供一个思路，仅供参考，不要把思维局限在本案例上。

（3）本案例只用了 2 个按钮，可以直接采用中断法；如果要求用 4 个按钮，能直接采用中断法吗？显然是不行的。

8.3　数字温度传感器 DS18B20 介绍

温度报警器最核心的部分是对温度的检测。直接以"一根总线"的数字方式传输，大大地提高了系统的抗干扰性，适合于恶劣环境的现场温度测量。

DS18B20 传感器具有以下特点：

（1）单线结构，只需要一根信号线和 CPU 相连接。

（2）不需要外部元件，直接输出串行数据。

（3）可不需要外部电源，直接通过信号线供电，电源电压范围为 3.3 ~ 5 V。

（4）测温精度高，测温范围为：-55 ~ +125 ℃，在 -10 ~ +85 ℃ 范围内，精度为 ±0.5 ℃。

（5）测温分辨率高，当选用 12 位转换位数时，温度分辨率可达 0.0625 ℃。

（6）数字量的转换精度及转换时间可通过简单的编程来控制：9 位精度的转换时间为 93.75 ms；10 位精度的转换时间为 187.5 ms；12 位精度的转换时间为 750 ms。

（7）具有非易失性上、下限报警设定功能，用户可方便地通过编程修改上、下限的数值。

（8）可通过报警搜索命令，识别哪片 DS18B20 采集的温度超越上、下限。

8.3.1 DS18B20 的引脚及内部结构

1. DS18B20 引脚

DS18B20 的常用封装有 3 脚、8 脚等几种形式，如图 8-14(a) 所示。各脚的含义如下。

DQ：数字信号输入/输出端。

GND：电源地端。

V_{DD}：外接供电电源输入端（在寄生电源接线时此脚应接地）。

2. DS18B20 的内部结构

DS18B20 的内部结构如图 8-14(b) 所示，主要由 64 位光刻 ROM、温度传感器、非易失性温度报警触发器 TH 和 TL、配置寄存器等组成。

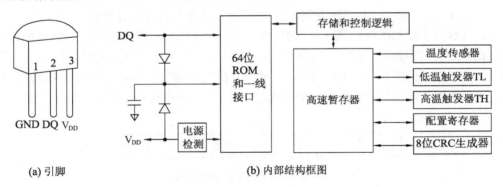

(a) 引脚   (b) 内部结构框图

图 8-14 DS18B20 温度传感器

（1）64 位光刻 ROM：是生产厂家给每一个出厂的 DS18B20 命名的产品序列号，可以看作该器件的地址序列号。其作用是使每一个出厂的 DS18B20 地址序列号都各不相同，这样就可以实现一根总线上挂接多个 DS18B20 的目的。

（2）温度传感器：完成对温度的测量，输出格式为 16 位符号扩展的二进制补码。当测温精度设置为 12 位时，分辨率为 0.062590，即 0.062590/ISB。其二进制补码格式如图 8-15 所示。

D_7	D_6	D_5	D_4	D_3	D_2	D_1	D_0	
2^3	2^2	2^1	2^0	2^{-1}	2^{-2}	2^{-3}	2^{-4}	LSB

D_7	D_6	D_5	D_4	D_3	D_2	D_1	D_0	
S	S	S	S	S	2^6	2^5	2^4	MSB

图 8-15　12 位温度格式

其中 S 为符号位，S = 1 时，表示温度为负值；S = 0 时，表示温度为正值。例如，+125 ℃ 的数字输出为 07D0H，−55 ℃ 的数字输出为 FC90H。

当测温精度设置为 9 位时，其二进制补码格式如图 8-16 所示。

D_7	D_6	D_5	D_4	D_3	D_2	D_1	D_0	
2^6	2^5	2^4	2^3	2^2	2^1	2^0	2^{-1}	LSB

D_7	D_6	D_5	D_4	D_3	D_2	D_1	D_0	
S	S	S	S	S	S	S	S	MSB

图 8-16　9 位温度格式

（3）低温触发器 TL、高温触发器 TH：用于设置低温、高温的报警数值，两个寄存器均为 8 位，其数据格式如图 8-17 所示。DS18B20 完成一个周期的温度测量后，将测得的温度值（整数部分，包括符号位）和 TL、TH 中的数值相比较，如果小于 TL 或大于 TH，则表示温度越限，将该器件内的告警标志位置位，并对单片机发出的告警搜索命令做出响应。需要修改上、下限温度值时，只需要使用一个功能命令对 TL、TH 进行写入即可，十分方便。

D_7	D_6	D_5	D_4	D_3	D_2	D_1	D_0	
S	2^6	2^5	2^4	2^3	2^2	2^1	2^0	LSB

图 8-17　TH 和 TL 寄存器格式

（4）内部存储器：包括一个 9 字节的高速暂存器和一个 3 字节的非易失寄存器 E^2PROM，后者用于高温触发器、低温触发器和配置寄存器，其含义如图 8-18 所示。

寄存器内容	字节地址
温度低 8 位（50H）	0
温度高 8 位（05H）	1
高温限值	2
低温限值	3
配置寄存器	4
保留（FFH）	5
计数剩余值	6
每度计数值（10H）	7
CRC 校验	8

高温触发器 TH
低温触发器 TL
配置寄存器

图 8-18　高速暂存器的内容（上电默认值）

第 0、1 字节为被测温度的数字量；第 2、3、4 字节分别为 TH、TL、配置寄存器的复制，每一次上电复位时被重写；配置寄存器用于设置 DS18B20 温度测量分辨率，数据格式如图 8-19 所示，该寄存器中主要设置 R1、R0 的值，这两位值决定了 DS18B20 温度测量分辨率，其含义如表 8-3 所示；第 6 字节为测温计数的剩余值；第 7 字节为测温时每度的计数值；第 8 字节读出的是前 8 个字节的 CRC 校验码，通过此码可判断通信是否正确。

D_7	D_6	D_5	D_4	D_3	D_2	D_1	D_0
0	R1	R0	1	1	1	1	1

图 8-19 配置寄存器格式

表 8-3 分辨率设置

R1	R0	分辨率/位	温度最大转换时间/ms
0	0	9	93.75
0	1	10	187.5
1	0	11	375
1	1	12	750

8.3.2 DS18B20 的读写操作

1. ROM 操作命令

（1）读命令（33H）：通过该命令，主机可以读出 DS18B20 的 ROM 中的 8 位系列产品代码、48 位产品序列号和 8 位 CRC 校验码。该命令仅限于单个 DS18B20 在线的情况。

（2）选择定位命令（55H）：当多片 DS18B20 在线时，主机发出该命令和一个 64 位数，DS18B20 内部 ROM 中的数与主机发出的数一致者，才响应此命令。该命令也可用于单个 DS18B20 的情况。

（3）查询命令（0F0H）：该命令可查询总线上 DS18B20 的数目及其 64 位序列号。

（4）跳过 ROM 序列号检测命令（0CCH）：该命令允许主机跳过 ROM 序列号检测而直接对寄存器操作，该命令仅限于单个 DS18B20 在线的情况。

（5）报警查询命令（0ECH）：只有报警标志置位后，DS18B20 才响应该命令。

2. 存储器操作命令

（1）写入命令（4EH）：该命令可写入寄存器的第 2、3、4 字节，即高低温寄存器和配置寄存器。复位信号发出之前，三个字节必须写完。

（2）读出命令（0BEH）：该命令可读出寄存器中的内容，复位命令可终止读出。

（3）开始转换命令（44H）：该命令使 DS18B20 立即开始温度转换，当温度转换正在进行时，主机读总线将收到 0；当温度转换结束时，主机读总线将收到 1。若用信号线给 DS18B20 供电，则主机发出转换命令后，必须提供至少相应于分辨率的温度转换时间的上拉电平。

（4）回调命令（088H）：该命令把 E^2PEROM 中的内容写到寄存器 TH、TL 及配置寄存器中。DS18B20 上电时能自动写入。

（5）复制命令（48H）：该命令把寄存器 TH、TL 及配置寄存器中的内容写到 E²PROM 中。

（6）读电源标志命令（084H）：主机发出该命令后，DS18B20 将响应此命令并发送电源标志，信号线供电发送 0，外接电源发送 1。

8.3.3　DS18B20 的复位及读写时序

1. 复位

对 DS18B20 进行操作之前，首先要将它复位。复位时序如图 8-20 所示。

（1）主机将信号线置为低电平，时间为 480 ~ 960 μs。

（2）主机将信号线置为高电平，时间为 15 ~ 60 μs。

（3）DS18B20 发出 60 ~ 240 μs 的低电平作为应答信号。单片机收到此信号后，表明复位成功，才能对 DS18B20 做其他操作，否则可能是器件不存在、器件损坏或其他故障。

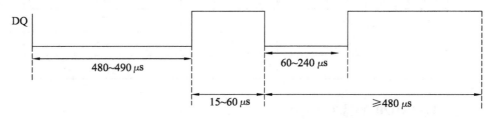

图 8-20　DS18B20 复位时序

2. 写字节

DS18B20 写字节的时序如图 8-21（a）、（b）所示，单片机将 DQ 设置为低电平，延时 15 μs 产生写起始信号。将待写的数据以串行形式送一位至 DQ 端，DS18B20 在 15 ~ 60 μs 的时间内对 DQ 检测，如果 DQ 为高电平，则写 1；如果 DQ 为低电平，则写 0，从而完成了一个写周期。在开始另一个写周期前，必须有 1 μs 以上的高电平恢复期。

3. 读字节

DS18B20 读字节的时序如图 8-21（a）所示，当单片机准备从 DS18B20 温度传感器读取每一位数据时，应先发出启动读时序脉冲，即将 DQ 设置低电平 1 μs 以上，再使 DQ 上升为高

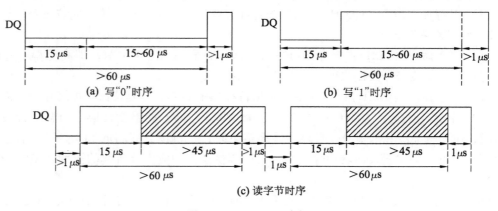

图 8-21　DS18B20 时序

电平，产生读起始信号。启动后等待 15 μs，以便 DS18B20 能可靠地将温度数据送至 DQ 总线上，然后单片机开始读取 DQ 总线上的结果，单片机在完成取数据操作后，要等待至少 45 μs，从而完成一个读周期。在开始另一个读周期前，必须有 1 μs 以上的高电平恢复期。

案例 23　DS18B20 应用举例

图 8-22 给出了单片机与 DS18B20 连接的电路图，用单片机 AT89S52 的 P0.7 端口线经上拉电阻后接至 DS18B20 的引脚 2 数据端，引脚 1 接电源地，引脚 3 接 +5 V 电源。

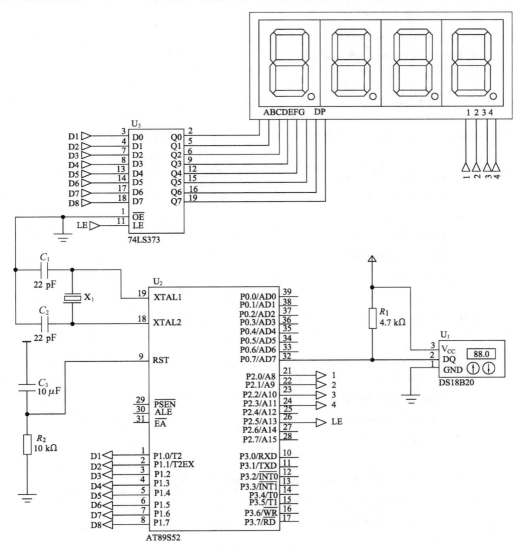

图 8-22　单片机与 DS18B20 的连接电路

下面给出对 DS18B20 进行操作的具体程序。应该说明的是，程序对应于单片机的时钟频率为 12 MHz，如果改用其他时钟频率，程序中的延时应重新调整。

```c
#include < reg51. h >
#include < intrins. h >
sbit LE = P2^5 ;
sbit DQ = P0^7 ;
bit DS_ IS_ OK = 1 ;
unsigned char seg[  ] =
        (0x3F,0x06,0x5B,0x4F,0x66,0x6D,0x7D,0x07,0x7F;0x6F,0x40,0x00) ;
//字段数组定义了 12 个元素,其中第 11 个元素是负号"-"的字段码
//第 12 个元素为不显示的字段码,用于显示正温度值
unsigned char buf [4] ;
unsigned int temperature ;
void delay( unsigned int time )                         //延时函数
{
    while( time -- ) ;
}
unsigned char Init_DS18B20( )                           //DS18B20 初始化函数
{
    unsigned char status ;
    DQ = 1 ; delay( 8 ) ;
    DQ = 0 ; delay( 90 ) ;
    DQ = 1 ; delay( 5 ) ;
    status = DQ ; delay( 60 ) ;
    return status ;
}
unsigned char read( )                                   //读字节函数

{
    unsigned char i = 0 ;
    unsigned char dat = 0 ;
    DQ = 1 ; _nop_( ) ;
    for( i = 8 ; i > 0 ; i -- )
    {
        DQ = 0 ; dat >>= 1 ; DQ = 1 ; _nop_( ) ; _nop_( ) ;
        if( DQ) dat 1 = 0x80 ;
        delay( 30 ) ; DQ = 1 ;
    }
    return( dat ) ;
}
void write( unsigned char dat )                         //写字节函数
```

```
{
    unsigned char
    for( i = 8;i > 0;i -- )
    {
        DQ = 0;
        DQ = dat&0x01;
        delay(5);
        DQ = 1;dat >>= 1;
    }
}
void ReadTemperature( )                        //采样温度函数
{
    unsigned char tempt = 0;
    unsigned char tempH = 0;
    if( Init_ DS18B20( ) == 1 )                //DS18B20 故障
        DS_IS_OK = 0;
    else
    {
        DS_IS_OK = 1;
        write(0xCC);write(0x44);
        Init _DS18B20( );
        write(0xCC);write(0xBE);
        tempt = read( );
        tempH = read( );
        temperature = ( tempH << 8 )|tempt;
    }
}
void dispute( )                                //温度值显示处理函数
{
    unsigned int temp,temp1;                   //用于中途的数据转换
//以下 if 语句用于处理负温度值,因为保存的是温度值的补码
    if( ( temperature&0xF800 ) == 0xF800 )
    {
        temperature = ~ temperature + 1;
        buf[0] = 10;
    }
    else buf[0] = 11;
    temp = temperature/16.0 * 100;             //转换成实际温度值并放大 100
                                               //倍,用于对百分位四舍五入
```

```c
        if( temp < 10 ) buf[0] = 11;            //处理0摄氏度,温度是0摄氏度
                                                //时保证不出现负号
        else
        {
            templ = temp % 10 ;
            if( templ >= 5 )                    //四舍五入
                temp += 10 ;
        }
    temp/ = 10 ;                                //去掉温度值的百分位
    if( temp >= 1000 )                          //如果温度 >>= 1 000 摄氏,则显示
    {                                           //四位
        buf[0] = temp/1000 ;
        buf[1] = temp/100 % 10 ;
        buf[2] = temp/10 % 10 ;
        buf[3] = temp % 10 ;
    }
    else
    {
        buf[1] = temp/100 ;
        buf[2] = temp/10 % 10 ;
        buf[3] = temp % 10 ;
    }
}
void display( )                                 //显示函数
{
    int i,j;
    unsigned char temp = 0xFE;
    for( j = 0 ; j < 30 ; j ++ )
//采用动态显示方式,必须多次循环才能成功显示,这很关键,处理不好温度
//值将显示不成功
    {
        temp = 0xFE ;
        for( i = 0 ; i < 4 ; i ++ )
        {
            LE = 0 ; P2 = temp ;
            if( i == 2 )
                P1 = seg[ buf[ i ] ] + 0x80 ;
            else P1 = seg[ buf[ i ] ] ;
            LE = 1 ; LE = 0 ;
```

```
            delay(10);
                temp = (temp << 1)|1;
            }
            P2 = temp;                    //关显示,进行下一次测试
        }
    }
    void main()
    {
        ReadTemperature();
        delay(50000);
        delay(50000);
        while(1)
        {
            if(DS_IS_OK == 1)
            {
            ReadTemperature();
            dispute();
            display();
            }
        }
    }
```

案例 24　室内温度控制系统设计

　　室内温度控制系统要控制的是空气温度,通过对压缩机的运行、停止进行控制,实际上单片机直接控制的是压缩机的工作状态。要求该系统能够自动控制制冷压缩机的运行和停止(制冷压缩机工作,则将空气热量带走,环境温度下降),使环境温度保持在人们设定的温度上(调温范围为 10 ~ 30 ℃)。

　　1. 确定任务

　　(1)根据环境温度控制压缩机工作。控制参数是温度,被控参数是压缩机电路通、断的工作状态。

　　(2)设置希望的环境温度值,由人工手动控制。

　　(3)显示设定的温度值和当前的环境温度值。

　　2. 总体设计

　　可选用 AT89C52 单片机,其总体设计框图如图 8-23 所示。

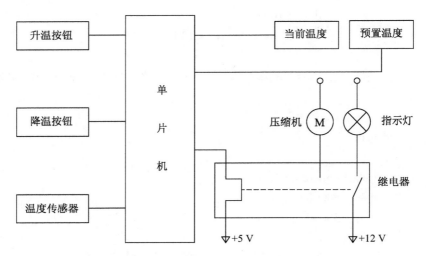

图 8-23　制冷控制系统总体方案框图

3. 硬件设计

室内温度控制系统的硬件连接电路，如图 8-24 所示。

（1）该制冷控制系统可由 AT89C52 单片机最小系统实现（当然也可以用其他芯片，如 AT89S51 等），采用内部时钟电路。

（2）温度设置信号由脉冲电路产生，为简化系统，通过导线分别与单片机 INT0、INT1 引脚相连，采用中断方式工作。

（3）两位预置的温度由 P0 口驱动 2 个数码管显示（带 BCD 码）。

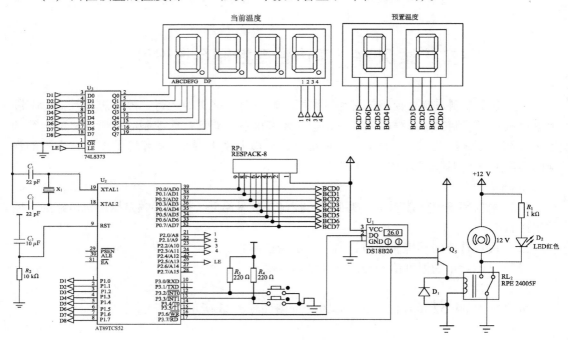

图 8-24　空调制冷控制系统连接电路

（4）温度传感器选用 DS18B20 数字温度传感器。数字温度传感器产生的串行信号由 P3.6 端口输入，设置的温度由 P1 驱动 4 个数码管显示（动态显示），读取温度的时间延迟由 T0 实现，考虑到预置温度的显示问题，延时时间可设置为 10 ms（延时时间不能太短，太短时预置温度设置与显示将会不正常），当然可以使用热敏电阻式温度传感器来检测环境温度。

（5）利用电磁继电器控制制冷压缩机的工作状态，压缩机可由 +12 V 直流电源供电，继电器由 P3.7 驱动。

4. 软件设计

根据硬件设计可将软件设计成以下几个模块。

（1）主程序模块。

主要包括设置和显示默认调节温度 30 ℃、进行系统初始化工作等。主程序流程图如图 8-25 所示，编写程序如下，包括全局变量定义、头文件设置等。

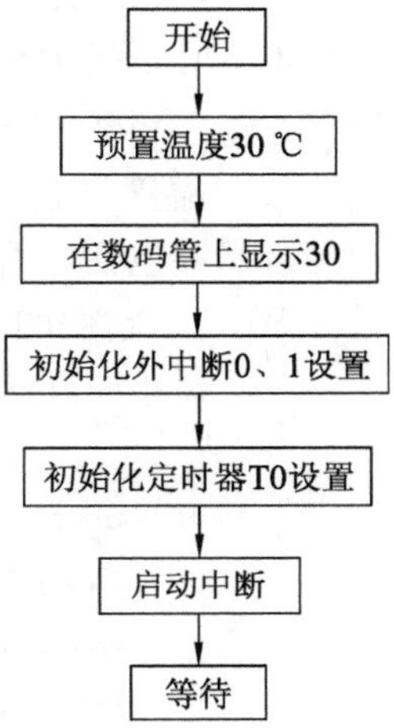

```
#include < reg51. h >
#include < intrins. h >
sbit LE = P2^5;
sbit DQ = P3^6;
sbit DC = P3^7;
unsigned char setTemp;
unsigned char seg[ ] = {0x3F,0x06,0x5b,0x4F,0x66,0x6D,
    0x7D,0x07,0x7F,0x6F,0x40,0x00};
```

//字段数组定义了 12 个元素,其中第 11 个元素是负号"－"的字段码,
//第 12 个元素为不显示的字段码,用于显示正温度值

```
unsigned char buf[4];
unsigned int temperature;
void main( )
{
    unsigned char t10,t;
    setTemp = 30;
    t10 = setTemp/10;t = setTemp%10;
    P0 = (t10 <<4)|(t&0x0F);
    DC = 1;
    ReadTemperature( );
    delay(50000);
    delay(50000);
    TMOD = 0x01;
    TH0 = - 10000 >> 8;
    TL0 = - 10000;
    TR0 = 1;
```

图 8-25　主程序框图

开始

↓

预置温度30 ℃

↓

在数码管上显示30

↓

初始化外中断0、1设置

↓

初始化定时器T0设置

↓

启动中断

↓

等待

```
        IT0 = IT1 = 1;
        IE = 0x87;
        while(1);
    }
```

🕐 小 技 巧

这里除了定义 0 ~ 9 的字段码外，还考虑到温度是负值时要显示 "－"，而温度是正值时不显示符号，因此在该数组中多定义了两个符号。

（2）温度设置与显示模块。

该模块包括 "升温" 和 "降温" 两段程序，并将 2 位预置温度转换成 BCD 码，直接送往 P0 口，它们的内容相仿。编写程序如下：

```
void isr_int0( ) interrupt 0
{
    unsigned char t10,t;
    if( setTemp < 30) setTemp ++ ;
    t10 = setTemp/10;t = setTemp% 10;
    P0 = (t10 +<<4)|(t&0x0F);
}
void isr_intl( ) interrupt 2
{
    unsigned char t10,t;
    if( setTemp > 20) setTemp -- ;
    t10 = setTemp/10;t = setTemp% 10;
    P0 = (t10 <<4)|(t&0x0F);
}
```

（3）定时读取环境温度模块。

该模块完成控制系统功能的核心工作，参见案例 23，利用 DS18B20 定时检测环境温度，根据环境温度控制压缩机的启动与否，编写程序如下：

```
void delay(unsigned int time)            //参见案例 23
{
    ……
}
unsigned char Init_ DS18B20( )           //参见案例 23
{
    ……
}
unsigned char read( )                    //参见案例 23
```

```
{
    ......
}
void write(unsigned char dat)              //参见案例23
{
    ......
}
void ReadTemperature( )
{
    unsigned char tempL = 0
    unsigned char tempH = 0
    if(Init_DS18B20( ) == 0)
    {
        write(0xCC);write(0x44);
        Init_DS18B20( );
        write(0xCC);write(0xBE);
        tempL = read( );
        tempH = read( );
        temperature = (tempH << 8) | tempt;
    }
}
void dispute( )
{
    unsigned int temp,temp1;                //用于中途的数据转换
//以下if语句用于处理负温度值,因为保存的是温度值的补码
    if((temperature&0xF800) == 0xF800)
    {
        temperature = ~ temperature + 1;
        buf[0] = 10;
    }
    else buf[0] = 11;
    temp = temperature /16.0 * 100;         //转换成实际温度值并放大100倍,用
                                            //于对百分位四舍五入
    if(temp < 10) buf[0] = 11;
    else
    {
        temp1 = temp%10;
        if(temp1 >= 5)                      //四舍五入
            temp += 10;
```

```
        }
        temp/ = 10;                              //去掉温度值的百分位
        if((temp >= setTemp * 10)&&(buf[0]! = 10))   DC = 0;
        else DC = 1;
        if(temp >= 1000)                         //如果温度 >= 100 ℃,则显示四位
            buf[0] = temp/1000;
            buf[1] = temp/100%10;
            buf[2] = temp/10%10;
            buf(3) = temp%10;
        }
        else
        {
            buf [1] = temp /100;
            buf [2] = temp/10%10;
            buf [3] = temp%10;
        }
    }
    void display( )                              //显示子程序
    {
        int i,j;
        unsigned char temp = 0xFE;
        for(j = 0;j < 40;j ++ )
        {
            temp = 0xfe;
                for(i = 0;i < 4;i ++ )
                {
                    LE = 0;
                    P2 = temp;
                    if(i == 2)
                            P1 = seg[ buf [i]] + 0x80;
                    else P1 = seg [ buf [i]];
                    LE = 1;LE = 0;
                    delay(10);
                    temp = (temp << 1) | 1;
                }
                P2 = temp;                       //关显示,进行下一次测试
        }
    }
    void time0( ) interrupt 1
```

```
    {
        TH0 = - 10000 >> 8;
        TL0 = - 10000;
        ReadTemperature( );
        dispute( );
        display( );
    }
```

小 技 巧

（1）程序中的 if 语句用于保证 0 ℃时不出现负号 "－"，方法是让当前的温度值与 0.1 ℃进行比较，如果小于，则表明目前温度是 0 ℃，不必显示负号。

（2）由于数码管采用动态显示，因此这些必须显示温度值的程序段必须多次循环才能保证显示正常，这些很关键!

本案例为了简化程序，直接将温度与设定值比较，这样容易造成压缩机的频繁开启、停止，这是不允许的。在实际控制系统中，往往是将被控参数控制在某一允许范围内（如控制在设定值的 + 0.1 ℃的误差内）。

5. 系统仿真调试

利用 Proteus 软件对完成的硬件电路和系统程序进行仿真调试，如有错误就要查找原因进行修正，直至没有错误完全通过。

6. 制作硬件电路

按照图 8-24 制作硬件电路，绘制印制电路板，焊接元件，完成室内温度控制系统制作。

7. 系统试运行

对调试后的程序进行固化，安装固化程序芯片后对硬件电路进行通电试运行。

附　录

附录 A　Proteus 元件库的中英文对照

英文名称	中文名称	说　　明
7407	驱动门	
1N914	二极管	
74LS00	与非门	
74LS04	非门	
74LS08	与门	
74LS390	TTL 双十进制计数器	
7SEG	数码管（LED）	
75EG-BCD	译码器电路 BCD-7SEG 转换电路	4 针 BCD-LED，输出从 0 ~ 9 对应于 4 根线的 BCD 码
ALTERNATOR	交流发电机	
AMMETER-MILLI	mA 电流表	
AND	与门	
BATTERY	电池/电池组	
BUS	总线	
CAP	电容	
CAPACITOR	电容器	
CLOCK	时钟信号源	
CRYSTAL	晶振	
D-FLIPFLOP	D 触发器	
FUSE	保险丝	
GROUND	地	
LAMP	灯	
LED-RED	红色发光二极管	
LM016L	2 行 16 列液晶	可显示 2 行 16 列英文字符，有 8 位数据总线 D0 ~ D7，RS、R/W、EN 三个控制端口（共 14 线），工作电压为 5 V。没背光，和常用的 1602B 功能和引脚一样（除了调背光的两个线脚）
LOGIC ANALYSER	逻辑分析器	
LOGICPROBE	逻辑探针	
LOGICPROBE［B1G］	逻辑探针	用来显示连接位置的逻辑状态
LOGICSTATE	逻辑状态	用鼠标单击，可改变该方框连接位置的逻辑状态
LOGICTOGGLE	逻辑触发	
MASTERSWITCH	按钮	手动闭合，立即自动打开
MOTOR	电动机	
OR	或门	
POT-LIN	三引线可变电阻器	
POWER	电源	

英文名称	中文名称	说　　明
RES	电阻	
RESISTOR	电阻器	
SWITCH	按钮	手动按一下一个状态
SW-SPDT	二选通一按钮	
VOLTMETER	电压表	
VOLTMETER-MILLI	mV 电压表	
VTERM	串行口终端	
Electromechanical	电机	
Inductors	变压器	
Laplace Primitives	拉普拉斯变换	
Memory Ics		
Microprocessor Ics		
Miscellaneous	各种器件	AERIAL　天　线、ATAHDD、AT-MEGA64、BATTERY、CELL、CRYSTAL 晶振、FUSE、METER 仪表
Modelling Primitives	各种仿真器件	典型基本元器件模拟，不表示具体型号，只用于仿真，没有 PCB 发光二极管、LED、液晶等
Optoelectronics	各种发光器件	
PLDs & EPGAs	可编程逻辑器件	
Resistors	各种电阻	
Simulator Primitives	常用的器件	
Speakers & Sounders	扬声器	
Switches & Relays	开关、继电器、键盘	
Switching Devices	晶闸管	
Transistors	晶休管（三极管、场效应管）	
TTL 74 series	74 系列数字电路	
TTL 74 ALS series	74 系列高速数字电路	
TTL 74 AS series	74 系列高速数字电路	
TTL 74 F series	74 系列高速数字电路	
TTL 74 HC series	CMOS 74 系列数字电路	
TTL 74 HCT series	CMOS 74 系列数字电路	
TTL 74 LS series	低功耗 74 系列高速数字电路	
TTL 74 S series	74 系列高速数字电路	
Analog Ics	模拟电路集成芯片	
Capacitors	电容集合	
CMOS 4000 series	4××系列数字电路	
Connectors	排座、排插	
Data Converters	ADC、DAC	
Debugging Tools	调试工具	
ECL10000 Series	10000 系列 ECL 集成电路	

附录 B　C51 库函数

C51 编译器提供了丰富的库函数。使用这些库函数大大提高了编程效率，用户可以根据需要随时调用。每个库函数都在相应的头文件中给出了函数的原型，使用时只需在源程序的开头用编译预处理命令#include 将相关的头文件包含进来即可。下面就一些常用的 C51 库函数做一些介绍。

1. 字符函数库 ctype. H

（1）extern bit isalpha(char)：检查参数字符是否为英文字母，是则返回 1，否则返回 0。

（2）extern bit isalnum(char)：检查参数字符是否为英文字母或数字字符，是则返回 1，否则返回 0。

（3）extern bit iscntrl(char)：检查参数字符是否为控制字符，即 ASCII 码值为 0x00 ~ 0xlf 或 0x7f 的字符，是则返回 1，否则返回 0。

（4）extern bit islower(char)：检查参数字符是否为小写英文字母，是则返回 1，否则返回 0。

（5）extern bit isuppet(char)：检查参数字符是否为大写英文字母，是则返回 1，否则返回 0。

（6）extern bit isdigit(char)：检查参数字符是否为数字字符，是则返回 1，否则返回 0。

（7）extern bit isxdigit(char)：检查参数字符是否为十六进制数字字符，是则返回 1，否则返回 0。

（8）extern char toint(char)：将 ASCII 字符的 0 ~ 9、a ~ f（大小写无关）转换为十六进制数字。

（9）extern char toupper(char)：将小写字母转换成大写字母，如果字符不在 a ~ z 之间，则不做转换直接返回该字符。

（10）extern char tolower(char)：将大写字母转换成小写字母，如果字符不在 A ~ Z 之间，则不做转换直接返回该字符。

2. 标准函数库 stdib. H

（1）extern float atof(char * s)：将字符串 s 转换成浮点数值并返回。参数字符串必须包含与浮点数规定相符的数。

（2）extern long atol(char * s)：将字符串 s 转换成长整型数值并返回。参数字符串必须包含与长整型数规定相符的数。

（3）extern int atoi(char * s)：将字符串 s 转换成整型数值并返回参数字符串必须包含与整型数规定相符的数。

（4）void * malloe(unsigned int size)：返回一块大小为 size 个字节的连续内存空间的指针，如果返回值为 NULL，则无足够的内存空间可用。

（5）void free(void * p)：释放由 malloc 函数分配的存储器空间。

（6）void int_mempool(void * p,unsigned int size)：清除由 malloc 函数分配的存储器空间。

3. 数学函数库 math. H

（1）extern inl abs(int val)、extern char abs(char val)、extern float abs(float val)、extern long abs(long vat)：计算并返回 val 的绝对值。这四个函数的区别在于参数的返回值的类型不同。

（2）extern float exp(float x)：返回以 e 为底的 x 的幂，即 e^x。

（3）extern float log(float x)：返回 x 的自然对数，即 lnx。

（4）extern float log 10(float x)：返回以 10 为底的 x 的对数，即 $\log_{10}x$。

（5）extern float sprt(float x)：返回 x 的平方根。

（6）extern float sin(float x)：返回值为 sin （x）。

（7）extern float cos(float x)：返回值为 cos （x）。

（8）extern float tan(float x)：返回值为 tan （x）。

（9）extern float pow(float x, float y)：返回值为 x^y。

4. 绝对地址访问头文件 absacc. H

（1）对存储器空间进行绝对地址访问，以字节为单位寻址。

#include CBYTE((unsigned char *)0x50000L)：寻址 CODE 区。

#include DBYTE((unsigned char *)0x40000L)：寻址 DATA 区。

#include PBYTE((unsigned char *)0x30000L)：寻址 XDATA 的 00H ～ 0FF 区域（用 MOVX @ Ri 指令访问）。

#include XBYTE((unsigned char *)0x20000L)：寻址 XDAT 区（用 MOVX @ DPTR 指令访问）。

（2）双字节宏定义。

#include CWORD((unsigned int *)0x50000L)。

#include DWORD((unsigned int *)0x40000L)。

#include PWORD((unsigned int *)0x30000L)。

include XWORD((unsigned int *)0x20000L)。

5. 内部函数库 intrins. H

（1）循环左移，将形式参数 val 循环左移 n 位。

unsigned char _crol_(unsigned char val, unsigned char n)。

unsigned int   _irol_(unsigned int val, unsigned char n)。

unsigned long _lrol_(unsigned long val, unsigned char n)。

（2）循环右移，将形式参数 val 循环右移 n 位。

unsigned char _cror_(unsigned char val, unsigned char n)。

unsigned int   _iror_(unsigned int val, unsigned char n)。

unsigned long _lror(unsigned long val, unsigned char n)。

（3）void _nop_(void)：产生一个单片机的 NOP 指令，用于延长一个机器周期。

（4）bit   _testbit_(bit x)：测试给出的位参数 x 是否为 1，为 1 则返回 1，同时将该位复位为 0；否则返回 0。

6. 访问 SFR 和 SFR-bit 地址头文件 regxx. h

在头文件 reg51. h 和 reg52. h 中，定义了 MC5-51 系列单片机的 SFR 寄存器名和相关的位变量名。

参考文献

[1] 刘鲲，孙春亮．单片机 C 语言入门［M］．北京：人民邮电出版社，2008.

[2] 李法春．单片机原理及接口技术案例教程［M］．北京：机械工业出版社，2006.

[3] 王静霞．单片机应用技术(C 语言版)［M］．北京：电子工业出版社，2009.

[4] 田立，田清，代方震．51 单片机 C 语言程序设计快速入门［M］．北京：人民邮电
出版社，2007.

[5] 李法春．C51 单片机应用设计与技能训练［M］．北京：电子工业出版社，2011.

[6] 张筱云，李淑萍．单片机原理及接口技术项目教程［M］．苏州：苏州大学出版
社，2012.

[7] 刘守义．单片机应用技术［M］．西安：西安电子科技大学出版社，2002.

[8] 何桥．单片机原理及应用［M］．北京：中国铁道出版社，2008.

[9] 彭伟．单片机 C 语言程序设计实训 100 例——基于 8051 + Proteus 仿真［M］．北
京：电子工业出版社，2009.

[10] 苏平．单片机原理与接口技术［M］．北京：电子工业出版社，2003.